纺织服装高等教育"十四五"部委级规划教材

服装面料创意设计

配视频教程

骞海青　编著

扫二维码看书中视频

东华大学出版社

·上海·

内容提要

本书全面讲述服装面料创意设计方法，理论结合实践详细描述了服装面料创意设计的基本理论和操作方法。全书分为六章，主要包括服装面料创意设计的基本知识、灵感与构思、材料与工具、创意设计技法、设计实践以及世界知名服装设计师的面料创意设计，并配有大量大师作品和学生优秀作品。全书图文并茂，步骤详尽，具有较强的实用性和可操作性。

图书在版编目（CIP）数据

　　服装面料创意设计 / 骞海青编著.
--上海：东华大学出版社，2023.10
　　ISBN 978-7-5669-2242-7

Ⅰ. ①服… Ⅱ. ①骞… Ⅲ. ①服装面料－服装设计
Ⅳ. ①TS941.4
　　中国国家版本图书馆CIP数据核字（2023）第146699号

责任编辑：杜亚玲

封面设计：Callen

服装面料创意设计
FUZHUANG MIANLIAO CHUANGYI SHEJI

编 著：骞海青

出　　　版：东华大学出版社（上海市延安西路1882号，邮政编码：200051）

本社网址：dhupress.dhu.edu.cn

天猫旗舰店：http://dhdx.tmall.com

营销中心：021-62193056　62373056　62379558

印　刷：上海当纳利印刷有限公司

开　本：889mm × 1194mm　1/16

印　张：10.25

字　数：360千字

版　次：2023年10月第1版

印　次：2023年10月第1次印刷

书　号：ISBN 978-7-5669-2242-7

定　价：68.00元

前 言

服装面料创意设计是服装设计师创意思维的延伸，具有无可比拟的创新性，面料的创意设计已成为当下服装设计师诠释设计理念的重要途径。

"服装款式已穷尽，服装设计就是面料设计"多么深刻的一句话，一语打破行业现状。十余年的教学工作使编者深刻感受到现阶段学生的动手操作能力较弱，尽管学生们对服装面料创意的构思想法独特，很有新意，但他们却难以将创意想法完美地以作品的形式呈现出来。

本书在全面介绍服装面料创意设计基本知识的基础上，着重强调了服装面料创意的设计技法，采用图文并茂的形式，结合学习者的认知习惯编排内容。全书步骤详尽，突出知识实用性的同时重视理论与实践的结合，使学习者能尽快掌握服装面料创意设计的基本知识与运用方法，通过学习将理论知识具体应用到实践中，提高学习者的实践操作能力和服装设计的应对能力，增强学习者未来的就业适应能力。

本书为陕西服装工程学院骞海青老师任教十余年的教学研究成果积累，是对自身教学过程中服装面料创意设计技法的总结和归纳，本书从构思到完成反复整理和修改经历了两年多的时间。在此特别感谢陕西科技大学周莉英老师、西安工程大学张星老师、北京服装学院祝重禧老师给予的指导和帮助，感谢我校历届的同学们提供的优秀作品。同时对我院各位老师、各级领导给予的帮助和支持一并表示感谢。

本书偏重于服装面料创意方法和技能的讲解，是一本实用性极强的教材。本书既可作为各类服装院校的专业教材，也可以作为广大服装爱好者、手工爱好者的参考用书。由于编者学识所限，书中如有纰漏，恳请广大读者批评指正。

编者

目 录

第一章 服装面料创意设计概述

　　服装面料创意设计即服装面料的二次设计和处理，它是服装设计的重要手段。从服装业发展的角度来看，服装设计单纯地在造型结构上进行突破和创新已"力不从心"。因此，服装材料的开发和创新变得越来越重要，现代服装设计趋势是以材质构思作为创作源，比拼材料的创意设计，通过材料来表现服装设计特色。服装面料的创意设计无疑又为服装设计增加了新的亮点，在服装设计作品中对面料进行开发和创造，可以呈现多样化的表面特征，体现整体设计中的细节变化，大大地拓展面料的运用范围，推动服装设计向新的高度发展。

第一节 服装面料创意设计的概念

服装面料创意设计就是对服装材料的创新设计，也称为服装面料的二次设计、服装面料再造。它是在现有服装材料的基础上，按照审美原则，运用分解、重组、装饰和改造等方法对原有材料进行绘、染、缝、贴、绣、剪、挖、烧、织、编等工艺，以改变原有材料的外观形态和性能特点，提升面料艺术表现力（图1-1-1）。

图1-1-1 服装面料创意设计作品

服装面料创意设计可以将原先外观平坦、单一的材料改变成不规则的几何形状、抽象的肌理纹样、立体化的外观效果，赋予材料新的面貌，使原材料成为一种具有律动感、立体感、浮雕感的新型服装材料。经过创意设计的面料不仅可以适应服装设计的需要，还可以体现设计师的创意，增添服装的美感（图1-1-2）。服装面料创意设计拓宽了材料的使用范围与设计空间，已成为现代服装设计师进行创作的重要手段。

图1-1-2 面料创意设计在服装中的应用

第二节 服装面料创意设计的作用及意义

一、服装面料创意设计的作用

作为服装设计三要素之一的面料，不仅是设计作品的物质载体，还可以诠释服装的风格和特性，左右着服装色彩和造型的表现效果。服装面料创意设计是现代服装设计中不可缺少的环节，具有不可忽视的作用。

1. 增强服装的美感

服装面料创意设计可以丰富服装的细节设计，对服装进行美化修饰，使单调的服装产生虚实的效果和丰富的层次感，从而使服装更具视觉吸引力。经过创意设计后的服装面料也能带给人们独特的审美和视觉享受，能最大限度地满足着装者的个性要求和精神需求。

2. 强化服装的艺术特点

服装面料创意设计能体现设计师的设计创意和主题思想，能起到强化、提醒、引导视线的作用。服装设计师为了突出体现设计的视觉中心，特别强调服装的某些特点，或刻意突出着装者身材的某一特征，可以采用面料创意设计的方法达到事半功倍的艺术效果，提升服装的艺术价值。

3. 增强服装设计的原创性

设计的主要特征之一就是原创性，从服装业发展的角度来看，服装设计单纯地在造型结构上进行突破和创新已力不从心，服装面料的创意设计已成为现代服装原创性表达的主要途径之一，无疑又为服装引起人们的关注增加了新的亮点。

4. 提高服装的附加值

服装面料创意设计需要在一定的条件下实现，创造过程中运用的人力、物力和占用的工作时间无疑让服装的成本增加，附加值增大。经过创意设计的服装面料，价格至少要比原普通面料贵几倍甚至几十倍，其花费主要还是取决于工艺的复杂程度及创意设计面料的技术含量。如化纤面料经过三宅一生（Issey Miyake）的特殊压褶处理后，一跃成为金字塔尖的奢侈消费品，成为天价的高级时装（图1-2-1）。现今市场上运用面料创意设计，如刺绣、钉珠等面料处理的服装，其价位通常要超出同款无任何面料创意设计的服装。

图1-2-1 三宅一生的褶皱时装

二、服装面料创意设计的意义

随着时代的进步与科技的发展，人们的审美眼光越来越独到与犀利，这为服装设计的发展创造了更广阔的平台，也对服装设计提出了更高的要求，如今单一的款式变化已不能满足人们的审美需求，在现代服装设计领域，服装面料创意设计受到了极大的关注，在许多具有权威性的服装设计大赛及高级成衣的设计生产中，面料创意设计已成为不可或缺的服装创新方式。

1. 解决设计中现有面料的不足

当今服装面料呈现出多样化的发展趋势，面料生产企业生产的新型服装材料层出不穷，但对于服装设计师来讲还是很难找到适合的面料。在极力提倡原创设计概念的今天，服装设计要体现丰富的思想内涵，独特而具有艺术品质的面料是不可缺少的创作材料。服装面料创意设计迎合了时代的需要，弥补和丰富了市场上现有的面料，为服装增添了新的艺术魅力和个性，展现了现代服装注重个性的特点。更多的服装设计师选择运用面料创意来体现服装的创意性和自己的设计思想，从艺术设计角度赋予面料创意设计丰富的艺术内涵，从而使服装设计更具艺术表现力。

2. 迎合消费者的个性化需要

在服装工业化大批量生产的今天，随着社会的发展和人们生活方式的转变，消费者的自我意识日益增强，审美心理和消费观念发生了较大的转变。从着装来讲，不愿盲目地追随他人，不满足于千篇一律的服装，厌恶"撞衫"，渴望体现自己的个性，展示自己的魅力。很多年轻人通过自己动手DIY来改变服装，对服装局部进行装饰改造，以此展示着装的个性与魅力，这种时尚行为和需求无疑向服装设计师提出了新的要求，设计师开始把设计关注重点从服装造型转向服装的材料与装饰。从消费者对服装的需求来看，服装材料作为展现设计个性的载体和造型设计的物化形式，还有广阔的发展空间。

3. 服装设计创意的体现

由于快速发展的服装领域竞争十分激烈，每个设计师都追求独特的个性风格，以期立于不败之地。过去片面强调造型选材的方法已逐渐失去市场，取而代之的是以面料形态变异来开创个性化的服装设计，从国际、国内时装发布及大型服装比赛来看，服装设计师往往通过材料与整体制作工艺的完美结合来体现设

图1-2-2 由左至右分别为设计师维果罗夫、瓦伦蒂诺、三宅一生和张肇达的服装设计作品

计的主题和灵感。在高级成衣的创意设计中，面料创意设计已经成为最主要的表现手法之一。荷兰时装设计师搭档维果罗夫（Viktor & Rolf）、意大利服装设计师瓦伦蒂诺（Valentino Garavani）、日本著名服装设计师三宅一生（Issey Miyake）以及中国服装设计师张肇达等（图1-2-2），都被喻为面料创意设计的高手，他们的作品采用独特的创意手段，大量运用面料创意设计的方法，给人以全新的视觉感受。可以说，面料的革新与创意为服装设计业发展带来了新的活力。目前国内各大服装院校纷纷将面料创意设计的概念融入服装设计教学中，既提高了学生对面料的驾驭能力，丰富了服装设计的表现形式，又开发了学生的创造性思维。

4.对传统手工技艺的传承创新

服装面料创意设计运用的染、缝、贴、绣、织、编等工艺是由广大劳动人民在生产劳作之余，对服装的装饰和美化中创造并沿用至今，这些传统的手工技艺经历了漫长的发展和完善之后，逐渐形成了其独特的创作思维和艺术魅力。传统手工技艺是面料创意设计取之不尽、用之不竭的灵感来源，设计师结合服装设计的需要，运用某种工艺技法通过对色彩搭配的设计，原材料的创新和装饰题材的选择，将传统手工技艺与流行结合起来进行应用，面料创意设计过程中体现的是对传统文化的再创造。博大精深的传统文化为现代工艺品的生产提供了创意来源，在人们追求个性化和品质化生活的今天，融入传统元素设计的手工艺制品受到更广泛的欢迎，具有很大的发展空间。同时，现代科技手段也可以促进对传统工艺文化的保护。

图1-3-1 面料创意设计传统工艺技法

现代工艺技法是依靠现代化加工设备，运用高科技、新材料进行面料创意设计的方法，如3D数码印染、植绒、喷绘、黏烫、喷金、做旧做破、腐蚀等（图1-3-2）。

图1-3-2 面料创意设计现代工艺技法

第三节 服装面料创意设计的类别

服装面料创意设计的技法繁多，主要有折叠、剪切、镂空、抽纱、披挂、层叠、挤压、撕扯、刮擦、烧烙、黏贴、拼凑等方法。另有传统工艺技法和现代工艺技法之分。

传统工艺技法是指早期民间的工艺，全凭手工纺织、手工印染等而成。如刺绣、扎染、蜡染、手绘、编织、拼贴等（图1-3-1）。

在进行服装面料创意设计时，根据面料创意设计的表现技法可将其分为以下五类：

① 服装面料创意设计的增型设计技法。一般是用单一的或两种以上的材质，在现有面料上进行黏合、热压、车缝、补、挂、绣等加工，形成立体的、多层次的设计效果。如珠绣、亮片绣、贴花、盘绣、线绣、纳缝、镶嵌、立体花装饰等。

② 服装面料创意设计的减型设计技法。根据设计构思对现有的面料进行破坏处理，可形成错落有致、

亦实亦虚的效果，如镂空、抽丝、剪切、烧花、磨白等。

③服装面料创意设计的立体设计技法。利用手工或平缝机等设备对各种面料进行缝制加工，也可运用物理和化学的手段改变面料原有的形态，形成立体浮雕般的肌理效果。常采用的面料创意设计方法有堆积、抽褶、层叠、绗缝、褶裥、褶皱等，多数是在服装局部设计中采用这些表现方法，也有用于整块面料的。

④服装面料创意设计的钩编设计技法。将各种不同的纤维、线、绳、皮条、带、装饰花边等材料，用钩织、编织、编结等手段组合成极富创意的面料，形成凹凸、交错、连续、对比的视觉效果。

⑤服装面料创意设计的综合设计技法。在进行面料创意设计时往往采用多种设计手法结合进行，运用多种工艺技法进行设计，灵活地运用综合设计的表现方法使面料的表情更丰富，创造出别有洞天的肌理和视觉效果。如将剪切和叠加进行结合，将珠绣、线绣和镂空进行结合的运用。

第四节 服装面料创意设计的原则

服装面料创意设计是一个综合思考的艺术创造过程，是服装设计师观念的传达、个性风格的表现。服装面料创意设计需要建立在设计师对面料性能充分理解的基础上，结合传统和现代的工艺手段，运用美学原理进行设计，在创新的同时又不失实用功能。因此，服装面料创意设计应把握以下原则。

一、遵循服装形式美的基本原理

服装面料创意设计是艺术与技术相结合的创造性活动，面料创意设计最终的效果是通过许多元素进行融合、拼接和异化组合。面料创意设计过程中所用材料造型、材质肌理和色彩的搭配，直接决定着创意面料设计的美感表达。在面料创意设计的艺术活动中，要实现面料的美感，必须遵循服装形式美的基本规律、基本法则，如对称、均衡、对比、调和、比例、夸张、节奏、韵律等。

二、考虑面料性能和工艺特点

服装面料创意设计强调运用各种工艺手法对原有面料进行创新设计，原有面料种类丰富，面料的结构、性能和外观特征差异很大，能运用的工艺手法更是多种多样，各种面料和工艺手法都有其特定的性能和特点，在进行服装面料创意设计时，应尽可能地发挥面料的性能和工艺手法的优越性，展示出最适合的艺术效果。服装面料创意设计必须根据面料本身的性能及工艺手法的特点实现艺术效果的可行性。

三、考虑服装风格的表达

服装风格是指作品所表现的主要思想特点和艺术特点，风格体现在服装作品内容和形式的各种要素中，意味着作品的特色与个性。经过创意设计的服装面料是各种材料风格的再现，是服装风格的基调，直接影响着服装整体的风格。服装面料创意设计要以服装为中心，以各种面料的风格为依据，面料的光泽、肌理可以带给人视觉与触觉的不同感受，在面料创意设计的过程中，可以通过多种多样的工艺手段，融入设计师的观念和表现手法，赋予面料新风格，将面料的潜在性能和自身的材质风格发挥到最佳状态，使面料风格与表现形式融为一体，形成统一的设计风格。

四、体现服装的功能性

面料是服装设计的物质载体，是服装造型实现风格表达的基础，服装面料设计无论如何创意，都要能体现服装本身的实用功能、能被服装设计的对象在某种场合所穿用。

服装面料创意设计从属于服装，在整个设计过程中都应以体现或强调服装的功能性为根本，这是进行服装面料创意设计最重要的原则。

五、实现服装的经济效益

服装面料创意设计过程中耗用的人力、物力和财力使服装的成本增加，在一定程度上提高了服装的附加值，但也必须考虑消费者的需求和经济接受能力，要清晰地认识到市场的存在和服装的商品属性，并要考虑经济成本和价格竞争对服装成品的影响。

随着现代科技的发展，面料创意设计已逐渐成为服装设计转变的方向，它不仅符合服装时尚发展的要求，同时也是设计观念转变的体现，为设计师越来越个性化的追求提供了更为广阔的空间，掌握服装面料创意设计的灵感与构思是服装设计师进行服装新品设计的关键。

第二章 服装面料创意设计的灵感与构思

第一节 服装面料创意设计的灵感来源

灵感也叫灵感思维，指文艺、科技活动中瞬间产生的富有创造性的突发思维状态。简而言之，灵感就是人们大脑中产生的新想法。服装面料创意设计是设计师创作的重要手段，设计师在不断挖掘新的设计素材时，需要大量的创作灵感设计新产品。灵感是保证服装设计的持续性、创新力和生命力的关键，服装设计师应重视灵感的发现和掌握，以此来展现服装设计过程中引人深思的艺术哲理和深厚的文化底蕴，充分展现艺术创作的独特性和新颖性。

灵感是艺术的源泉，是设计师创造思维的一个重要过程，也是完成一个成功设计的基础，它需要设计师具有良好的艺术表现能力和专业实践基础，通过所产生的灵感对面料进行构思与改造，使改造过的面料能充分融入到服装设计中去，继而创造出令人惊叹的服装设计作品。

面料创意设计的灵感主要来源于姊妹艺术、人类生活、民族文化、科技进步、自然风光、动物、植物、微观世界等各个方面：

一、姊妹艺术

艺术是相通的，绘画、雕塑、建筑、音乐、舞蹈、戏剧、电影等姊妹艺术虽然都具有各自丰富的内涵和不同的表达手法，但很多方面是相通的，可以融会贯通。建筑中的结构与空间，音乐中的韵律与节奏，现代艺术中的线条与色彩，甚至于触觉中的质地与肌理，都可能令我们产生灵感，从而运用到面料的创意设计中去，这也成为设计灵感的最主要来源之一（图2-1-1，图2-1-2）。

二、人类生活

艺术来源于生活而又高于生活，人类的生活丰富多彩、包罗万象，必须善于观察、研究和积累，在一些平常的生活事物中随处都存在灵感的启示（图2-1-3），如旧房墙壁上的残斑，木梁柱上的裂纹肌理，一团揉皱的纸，一团废铁丝、蜘蛛网的曲线，麻绳的交接等视觉效果都是我们创作的源泉。

人们往往忽略自己身边的物质形态，因为对它们太熟悉而变得不以为然。但是，以职业设计师的眼光

图2-1-1 灵感来自克劳德·莫奈（Claude Monet）油画的服装面料创意设计

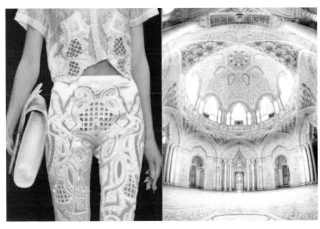

图2-1-2 灵感来自Sammezzano Leccio Reggello城堡、巴洛克纹饰的服装面料创意设计

图2-1-3 灵感来自人类生活的服装面料创意设计

重新审视它们，进而在研究它们时就会发现它们能给予我们全新的认识和启发。动物毛皮纹理和色彩组合、植物肌理和色彩组合、身边的建筑、山水的肌理等素材，都是取之不尽的灵感来源。

三、民族文化

民族的就是世界的，不同民族有着各自不同的民俗文化，不同的地域特点，风土人情造就了各民族不同的服饰艺术风格，体现了各民族各具特色的审美趣味。传统文化元素是几经历史考验所沉淀下来的文化精华，更是一个民族精神的形象化象征，民族文化种类繁多，体现在服装上的民族文化尤为令人惊奇。中国传统的手工艺形式如刺绣、挑花、染色、绳结、织锦等是各民族智慧的结晶，对现代服装面料的创意设计具有很深的启发，是服装面料创意设计的主要造型手段（图2-1-4）。西方服饰中的皱褶、切口、堆积、蕾丝花边等立体形式的材质造型，东方传统服装中的刺绣、盘、滚等工艺形式，都成为设计师钟爱的面料肌理设计的源泉。

四、科技进步

高速发展的科技为服装面料创意设计提供了条件和手段，科技手段与成果激发着设计灵感。在当今时装界，采用新型的高科技服装面料或利用高科技手段改造面料的外观效果已成为设计师追求的方向。通过现代的高新科技突破服装的固有模式并创造性的运用新材料、新技术加以表达（图2-1-5），不断拓展以获得新的艺术形式，如在棉麻面料上涂抹一层化学制剂

使面料表面产生反光，形成独特艺术效果的新涂层面料；德国设计师研发的发光服装等使得服装设计师又多了一种技术手段，设计出来的服装在舞台上将大放异彩。

图2-1-4 灵感来自剪纸、青花瓷和中国传统缂丝工艺等中国元素的服装面料创意设计

图2-1-5 灵感来自科技进步的服装面料创意设计

五、自然风光、动物、植物

大自然本身就是一件完美的艺术品，它应用阳光、流水、春风等方式为人们塑造壮美山河，它的美感能够充分激发人们的创作灵感。新图案、新色彩、新质感，总是给予我们取之不尽用之不竭的创造力。对于服装设计师而言，他们通过直观、形象地观察自然物象获得感性认知，再通过抽象思维和艺术加工融进服装造型和风格等的设计中。

设计师通过观察认识到生活和自然中的美丽色彩、形态，产生回归自然的愿望。比如，自然界中花草树木的色彩和形态、天空云彩的绚丽、鸟兽的形态、山川河流的层叠等自然元素能使人和自然形成协调，使设计的服装作品体现出独特的艺术思想（图2-1-6，图2-1-7）。

图2-1-6 灵感来自青山白云、云南梯田的服装面料创意设计

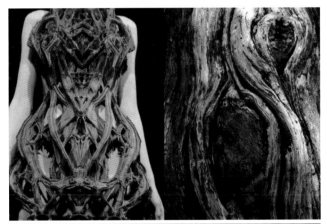

图2-1-7 灵感来自动物、植物的服装面料创意设计

图2-1-8 灵感来自菌类、海藻类生物，细菌等微生物的服装面料创意设计

六、微观世界

微观世界是指人的肉眼无法直接观察到的，必须借助显微镜等工具才能看见的世界，常见的物质有晶体、细胞、病毒、细菌、微生物等，他们有着形形色色、千奇百怪的形状结构：或扭曲，或伸展，或圆或方，或膨胀或萎缩。除此之外，他们还有着与宏观世界大不一样，甚至截然不同的颜色特征、结构特征等，带有一种强烈的异域性。随着科学技术尤其是显微技术的发展，微观科学研究更为深入，给人们提供了更为繁多的微观世界的资料，让更多的人认识微观世界，观看微观世界的奇妙，犹如进入了另一个"世界"，给观者带来一种新的审美体验，为设计师提供了有别与宏观世界的感官体验，这种新体验给我们的艺术创作带来了无限的可能性。

从新的角度看事物，一个简单的方法就是尝试不同的尺寸比例。一件常见物品的局部被放大后，可能就不再乏味和熟悉了，而会变得新颖，成为设计创作的灵感素材，正是这种对素材的深入了解，将使你的作品有着个人独特的风格（图2-1-8）。

第二节 服装面料创意设计的思维

　　服装设计是通过对生活思考而产生构思，集逻辑思维、感性思维、抽象思维于一体的艺术创作过程。服装面料作为服装设计中越来越重要的创意设计部分，需要设计者具备发散与收敛、感性与理性、抽象与想象等多种思维能力。

　　服装面料创意设计的基本思维方法包括：逆向思维、发散性思维、收敛性思维、形象思维、抽象思维。只有充分理解每一种基本创意思维方法，才能为服装面料创意设计的综合运用做准备。

一、逆向思维

　　逆向思维也称求异思维，它是对司空见惯的似乎已成定论的事物或观点反过来思考的一种思维方式。敢于"反其道而思之"，让思维向对立面的方向发展，从问题的相反面深入地进行探讨，树立新思想，创立新形象（图2-2-1）。当大家都朝着一个固定的思维方向思考问题时，而你却独自朝相反的方向思索，这样的思维方式就叫逆向思维。

　　人们习惯于沿着事物发展的正方向去思考问题并寻求解决办法，其实，对于某些问题，尤其是一些特殊问题，从结论往回推，倒过来思考，从求解回到已知条件，反过去想或许会使问题简单化。例如，各种线绳类材料常常被设计师通过编织、编结等方式进行面料创意设计，形成特殊的肌理效果。如果在梭织面料上运用刺绣或镂空等方式做出编织、编结的视觉肌理，会带来特别的视觉感受，这就是一种求异思维的体现。

二、发散性思维

　　发散性思维又称辐射思维、放射思维、扩散思维，是指大脑在思维时呈现的一种扩散状态的思维模式。它具有流畅性、多端性、灵活性、新颖性和精细性等特点。表现为个人的思维沿着许多不同的方向扩展，使观念发散到各个有关方面，最终产生多种可能的答案而不是唯一正确的答案，因而容易产生有创见的新颖观念，是一种重要的创造性思维。

　　发散性思维运用在面料创意设计中主要表现在对给出的原材料、信息从不同角度、不同的方向和途径去设想，充分发挥人的想象力，突破原有的知识圈，从

图2-2-1 运用逆向思维对服装面料进行的创意设计

图2-2-2 运用发散性思维对牛仔面料进行的创意设计

一点向四面八方想开去，探求多种答案。例如，在对牛仔面料进行创意设计时通过抽丝、漂白、叠加拼接等方式创造出不同效果的创意面料（图2-2-2）。

三、收敛性思维

收敛性思维又称集中思维，是人们长时间从事某一类工作，解决某一类问题时所形成的习惯性思维。是在解决问题过程中，尽可能利用已有的知识和经验，把众多的信息逐步引导到条理化的逻辑程序中去，以便最终得到一个合乎逻辑规范的结论（图2-2-3）。这种思维运用在服装面料创意设计中主要表现在对信息的综合、归纳、概括以及演绎的能力。

发散性思维与收敛性思维相互补充，在解决问题的早期，发散性思维起到更重要的作用；在解决问题的后期，收敛性思维则起着更重要的作用。

四、形象思维

形象思维又称直感思维，通过独具个性的特殊形象来表现事物的本质，是指以具体的形象或图像为思维内容的思维形态。具有形象性、非逻辑性、粗略性、想象性的特点。

这种思维运用在服装面料创意设计中主要表现为：在对形象信息传递的客观形象体系进行感受、

储存的基础上，结合设计师主观的认识和情感进行识别（包括审美判断和科学判断等），并用一定的形式、手段和工具（如绘画线条、色彩）创造和描述形象（如最终的艺术作品）的一种基本的思维形式（图2-2-4）。

五、抽象思维

抽象思维具有概括性、间接性、超然性的特点，是人们在认识活动中运用概念、判断、推理等思维形式，对客观现实进行间接的、概括的反映过程，属于理性认识阶段。它是在分析事物时抽取事物最本质的特性而形成概念，并运用概念进行推理、判断的思维活动（图2-2-5）。

抽象思维与形象思维不同，它不是以人们感觉到或想象到的事物为起点，而是以概念为起点去进行思维，进而再由抽象概念上升到具体概念，只有到了这时，丰富多样、生动具体的事物才得到了再现。可见，抽象思维与具体思维是相对而言、相互转换的。只有穿透到事物的背后，暂时撇开偶然的、具体的、繁杂的、零散的事物的表象，在感觉所看不到的地方去抽取事物的本质和共性，形成概念，才具备了进一步推理、判断的条件。要想把抽象思维运用在服装面料创意设计中，要求设计者具备充分的实践基础。

图2-2-3 运用收敛性思维对面料进行的创意设计

图2-2-4　运用形象思维对面料进行的创意设计

图2-2-5　运用抽象思维对面料进行的创意设计

第三节　服装面料创意设计的构思方法

服装面料创意设计要根据服装整体风格的需要确定主题进行构思，才能达到设计与面料内在品质的协调与统一。设计师往往通过所产生的灵感对面料进行构思与改造，使改造过的面料充分融入服装设计中去，继而创造出令人惊叹的服装作品。成功的设计需要设计师掌握以下服装面料创意设计的构思方法。

一、主题延伸

这种创意思维方法主要是从概念入手，构思如何实现这一概念的视觉效果。在构思中，首先确定主题，然后通过想象、联想在脑中抛开某事物的实际情况而构成深刻反映该事物本质的简单化、理想化的形象。想象的过程是发散的，在众多构思方案中，从各种创意材料之间是否搭配协调，是否能体现创意的主题思想，其与服装整体造型、色彩是否匹配，与服装整体风格是否协调等方面对构思进行筛选，最后通过收敛思维把方案细化，做精做好（图2-3-1）。

创意面料主题与灵感的发掘与寻找需要设计师具有一双发现美的眼睛，从自然界中发掘和积累素材。自然界的美数不胜数，如水波的荡漾，瑰丽的石头，自然界宏观的天文奇景，地貌特质，微观世界中各种动植物的生态肌理等，都是我们产生灵感的较好题材，这些题材任意提取一点都可以激发无限的创意。以自然形态为灵感源泉创作的作品，由于其纹理与色彩都贴近大自然，因此，它呈现出的色彩与形态美感能给人以亲切的心里感受，也合乎了近年来国际服装设计中回归自然的时尚潮流。

二、模仿和移植

这种构思方法是将现实中具象的人物、动物、植物及各种物体的形态特征，经过形象思维，结合主观的认识和情感进行审美判断和科学判断，并用一定的形

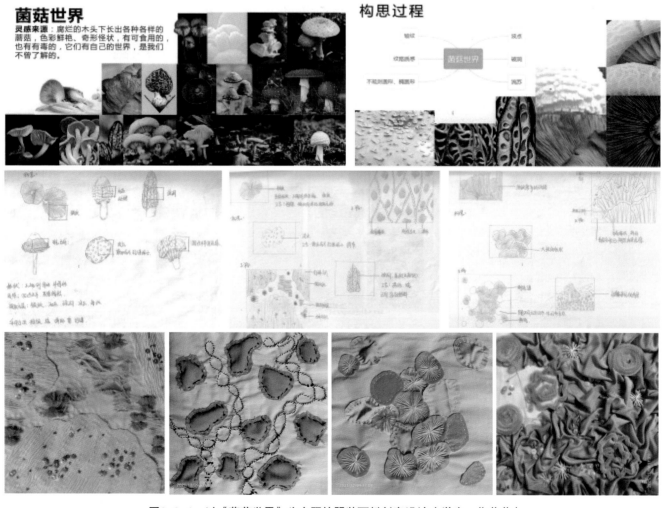

图2-3-1　以《菌菇世界》为主题的服装面料创意设计（学生：焦莹莹）

式、手段和材料进行形态模仿、色彩借用和材质展现
以创造和描述形象，从而产生新外观。

这种面料创意的思维方法主要从材质入手，运用
逆向思维发觉材质的潜在价值，创意出特别的视觉感
受（图2-3-2）。面料创意设计中材质起着非常关键的
作用，面料的选择如果跳不出常规，很难创造出有灵
性的、给人强烈视觉冲击力、体现设计师艺术风格的
创意面料。

图2-3-2 运用模仿和移植的构思方法进行的服装面料创意设计

三、组合和异化

服装面料的组合搭配是服装设计中常用的手法，异
化则是逆向思维的体现，即不应用材料原有的功能，
反其道而行之，如把一些废旧物品变废为宝加以利用，
就是一种异化思维的体现。服装可持续设计中常常运
用服装面料创意设计进行二次设计，使服装焕然一新
紧贴时尚潮流（图2-3-3）。

面料创意设计中常见的组合方式一般有同质同色
组合、异质异色组合、同质异色组合、异质同色组合4
种，其中"质"指的是质地、触觉效应；"色"指的是
色彩、视觉效应。服装面料的组合和异化可以丰富服
装的组织结构和层次感，也可以充实表现内容与表性
形态，它必须遵循艺术设计的形式美规律，否则会变
得杂乱无章。

图2-3-3 运用组合异化构思的服装面料创意设计

服装面料创意设计的构思是抽象思维、形象思维、
逆向思维、发散思维、收敛性思维综合的运用的过
程。以麻绳为例，通常麻绳是用于编结的，不用于服
装材料，首先运用逆向思维反其道而行之，将麻绳或
编结或拉毛抽丝，充分释放它的粗犷感和自然特色，
然后运用发散性思维，想到把几条编结好的麻绳通
过"之"字形相连形成面（图2-3-4）；又想到地毯的
花纹效果，可以通过卷曲或拼贴处理麻绳达到预期的
花纹效果。捕捉到创意构想后，考虑用木质的串珠与
麻绳搭配，两者质地会比较协调，最后运用收敛思维
考虑将大大小小的串珠巧妙地或镶嵌或系扎在麻绳之
间，完成作品，麻绳的粗犷与串珠的精巧相得益彰。

图2-3-4 运用麻绳编结和拉毛抽丝设计的服装创意面料

15

第三章 服装面料创意设计的材料和工具

第一节 服装面料创意设计的材料

材料是服装设计的三个基本要素之一，是组成服装的物质基础，也是服装造型和色彩设计依存的媒介。用于服装面料创意设计的材料种类异常丰富，不仅有服装面料、辅料，还有其他装饰性材料、非服装用料等，这些材料的性能和特点各不相同，只有熟悉各种材料才能为服装面料创意设计打下良好的基础。下面根据材料的视觉形态进行分类，并一一介绍。

一、点状材料

面积、体积相对较小的材料，如各种珠子、亮片、纽扣、铆钉、立体花、绒球等。点状材料具有易组合且灵活多变的性能特征，既可以形成线的形态还可以组成面和体的形态，是面料创意设计中运用最广泛的一类材料。

1.珠子

珠子在女装设计中运用广泛，可以根据服装设计的需要选用不同档次和质感的珠子，如玻璃料珠、木珠、珍珠、水晶珠、金属珠、陶瓷珠等，这些珠子也有大小之分，有不同的形状，如圆形、扁圆形、圆柱形等，还有各种切面的珠子（图3-1-1）。

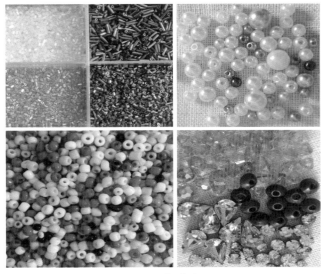

图3-1-1 各种珠子

2.亮片

亮片是目前常见的一种装饰材料，广泛用于时装、晚礼服、鞋、帽、手袋、头饰。珠片的尺寸规格多样，造型各异，色泽艳丽，光彩夺目，经常和珠子、刺绣等结合应用于面料创意设计（图3-1-2）。

图3-1-2 各种亮片

3.纽扣

纽扣是用于服装连接的固紧材料，也可用于装饰，在古罗马，最初的纽扣是用来做装饰品的。在服装面料创意设计中纽扣常用于装饰各类时装（图3-1-3）。

图3-1-3 各种纽扣

4.铆钉

铆钉种类很多，常用的有半圆头、平头、半空心、实心铆钉等，常用于各类街头前卫风格的服装面料创意设计（图3-1-4）。

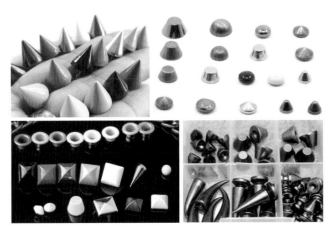

图3-1-4 各种铆钉

5.人造花

运用各种面料或其他材料制作而成的花朵状装饰物,多种多样。常用于女性礼服、婚纱、时装及童装的面料创意设计中(图3-1-5)。

图3-1-5 人造花

6.绒球

用彩色毛线或绒线等材料扎成的球状装饰物,有温和、可爱之感,常用于各类冬装,童装或秋冬季使用的帽、鞋、手套、围巾中(图3-1-6)。

图3-1-6 绒球

二、线状材料

各种线、绳、丝带、花边、拉链、布条、皮条等较细长的材料。线状材料可以通过各种连接的方式直接制成面料,也可以通过各种不同的装饰方法进行面料创意设计。

(一)线

1.缝纫线

用于机缝做面线或底线进行缝纫,因其色谱全、种类多也可将其用于现代刺绣等的面料创意设计中(图3-1-7)。

图3-1-7 缝纫线

2.绣花线

各种绣花用线,由天然纤维或化学纤维制成,有丝、毛、棉、腈纶等绣花线,品种繁多,色谱齐全,有无光泽线、有光泽线、丝光线、闪光线、素色线和彩色线等。传统刺绣常用真丝线,民间刺绣常用毛、棉、腈纶等绣花线(图3-1-8)。

图3-1-8 绣花线

3.编织线

编织用的线多种多样，编织衣服、帽子、鞋子或者工艺品的线各不相同。主要有毛、毛腈混合、化纤材料制成的各类毛线，花式纱线等，不仅用于编织还可以用来缝绣服装（图3-1-9）。

图3-1-9 各类编织线

（二）绳

绳一般有塑料绳、麻绳、尼龙绳、棉绳、丝绳等种类，用于编结各种面料或装饰物。丝绳常用于编制中国结，棉绳常用于编制服装、壁挂和西洋结穗等（图3-1-10）。

图3-1-10 各种材质的绳

（三）丝带

丝带大多数是由尼龙材料制成的，有不同宽度和不同色泽，大多用于丝带绣、各种人造花和装饰物的制作中。常用的丝带品种有合成丝带、绒面丝带、手工染色丝带、棉质丝带、缎纹丝带、透明丝带。

1.合成丝带

此类丝带色彩鲜艳，外观也较厚重，弹性很好，完成的绣品立体感强烈。其中涤纶丝带和人造丝丝带通常有细碎的梭织边缘，使其更易成型，外观清晰明显，是丝带绣的主流材料（图3-1-11）。

图3-1-11 合成丝带　　　　图3-1-12 绒面丝带

2.绒面丝带

丝带单面或双面有立绒，如天鹅绒丝带，尽显华贵、富丽之气（图3-1-12）。

3.手工染色丝带

有色彩斑驳的杂色丝带和色彩渐变的丝带之分（图3-1-13）。

图3-1-13 手工染色丝带

4.棉质丝带

罗缎丝带就是一种棉质丝带，它通常用于帽、鞋的装饰设计中（图3-1-14）。

图3-1-14 棉质丝带

5.缎纹丝带

由真丝或合成纤维制作而成。这种丝带的特殊织法赋予它独特的品质，有双面缎纹丝带和单面缎纹丝带（图3-1-15）。

6.透明丝带

有素色和花色透明丝带，如闪光蝉翼纱或乔其纱，具有朦胧的视觉效果（图3-1-16）。

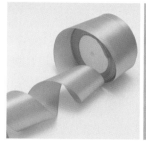

图3-1-15 缎纹丝带　　　图3-1-16 透明丝带

（四）拉链

拉链是服装常用的带状开闭件。既可以用于服装的闭合，又可以用于面料的创意设计，表达街头前卫的风格特征。拉链有不同的规格，链牙的材料有金属、塑胶和尼龙等，现在还有很多花式品种，如水钻拉链等。不同的材质使得拉链具有不同的风格（图3-1-17）。

图3-1-17 不同材质的拉链

（五）花边

花边是装饰用的带状织物，有各种花纹图案，常用于各类服装、窗帘、台布、床罩、灯罩、床品等的嵌条或镶边装饰。花边分为机织、针织、刺绣、编织四类（图3-1-18）。机织花边质地紧密，花型富有立体感，色彩丰富。其中丝纱交织的花边，在我国少数民族中使用较多，所以又称民族花边，纹样多采用吉祥图案。针织花边组织稀松，有明显的孔眼，外观轻盈、优雅。刺绣花边色彩种数不受限制，可制作复杂图案。编织花边由花边机制成或手工编织而成。

图3-1-18 机织、针织、刺绣、编织花边

（六）布条

将各种服装面料、辅料撕扯或裁剪，可将其看作线绳用于编织或编结的面料创意设计中，也可看作丝带用于人造花的制作等（图3-1-19）。

图3-1-19 布条　　　　图3-1-20 皮条

（七）皮条

运用人造革或天然皮革裁剪而成的细长条，在面料创意设计中常用于编织或制作流苏（图3-1-20）。

三、面状材料

面状材料是服装面料创意设计过程中最主要的一类材料，主要是指制作服装用的面料、里料以及其他面积较大的材料。考虑到服装面料结构性能和表面肌理差异对面料创意设计工艺手法的要求不同，根据组织结构的不同将面料分为梭织面料、针织面料、无纺面料、皮革及裘皮。根据面料的外观和质感分为柔软型、挺爽型、光泽型、厚重型、透明型面料，此外还有一些特殊效果的面料，如带图案面料、弹性面料、网眼面料、蕾丝面料等。

（一）不同组织结构的面料

1.梭织面料

梭织面料是织机以投梭的形式将纱线通过经、纬向的交错而组成，其组织一般有平纹、斜纹和缎纹以及它们的变化组织（图3-1-21）。从组成成分来分类，梭织面料包括棉织物、丝织物、毛织物、麻织物、化纤织物及它们的混纺和交织织物等。梭织面料在服装中的使用无论在品种上还是在生产数量上都处于领先地位，因梭织服装的款式、工艺、风格等因素存在差异，在面料创意设计的加工流程及工艺手段上会有很大区别。

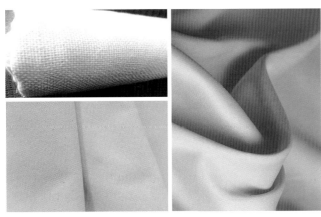

图3-1-21 平纹、斜纹和缎纹面料

2.针织面料

针织面料是利用织针将纱线弯曲成圈并相互串套而形成的织物。针织面料与梭织面料的不同之处在于纱线在织物中的形态不同。针织分为纬编和经编（图3-1-22）。经编织物因为形成了回环绕结，结构稳定，有的弹性极小，不能用手工编织而成；纬编织物有拉伸性、卷边性、脱散性等性能特点，在进行面料创意设计时应充分考虑并合理应用这些性能特点。针织面料穿着舒适，深受消费者欢迎，随着新型针织面料的开发，它以逐年上升的趋势被应用于各类服装中。

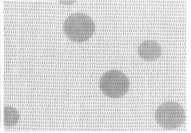

图3-1-22 纬编、经编针织面料

3.无纺面料

即无纺布又称不织布，是由定向或随机的纤维构成，是新一代环保材料，因具有布的外观和某些性能而称其为布。无纺布没有经纬线，随意剪裁不脱线且缝纫非常方便，质轻易定型，常常被用于各类手工制作，也可作为装饰性材料用于服装面料创意设计中（图3-1-23）。

图3-1-23 无纺面料

4.皮革

皮革具有自然的粒纹和光泽，手感舒适。皮革面料不仅用于春秋冬装，还可通过特殊加工做成轻薄软垂的夏季衬衫和裙装，另外还可通过挖补、镶拼、编结、等方法进行面料创意设计，使其用途更为广泛（图3-1-24）。

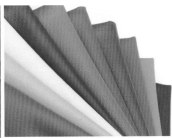

图3-1-24 天然皮革和人造皮革

5.裘皮

裘皮具有轻盈柔软、雍容华贵的特点，多用来制作时装、冬装。常见有狐皮、貂皮、羊皮等（图3-1-25）。裘皮服装可通过挖补、镶拼等缝制工艺形成绚丽多彩的花色。

图3-1-25 狐皮、貂皮、羊皮

（二）不同外观和质感的面料

1.柔软型面料

柔软型面料一般较为轻薄、悬垂感好。主要包括织物结构疏散的针织面料、丝绸面料以及软薄的麻纱面料等，这些面料能表现出线条的流动感，制成的服装能体现人体的优美曲线，适合运用褶皱、堆积的方法进行服装面料的创意设计（图3-1-26）。

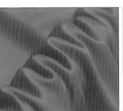

图3-1-26 柔软的针织、丝绸、麻纱面料

2.挺爽型面料

挺爽型面料线条清晰，有体量感，常见的有棉布、涤棉布、灯芯绒、亚麻布、各种中厚型的毛料和化纤织物等。这类面料能形成丰满的服装廓型，可突出服装造型精确性的设计，几乎适合面料创意设计中的各种工艺手法（图3-1-27）。

图3-1-27 涤棉布、灯芯绒、亚麻布、中厚型毛料

3.光泽型面料

光泽型面料表面光滑并能反射出亮光，有华丽、熠熠生辉之感。这类面料常用于晚礼服、各种女时装、舞台表演装的设计，体现华丽浪漫的风格（图3-1-28）。无论是造型简洁的设计还是较为夸张的设计都应尽可能体现面料的光泽。

图3-1-28 光泽型面料

4.厚重型面料

厚重型面料厚实挺括，能产生稳定的造型效果，包括各类厚型呢绒、绗缝织物、皮草等。其面料具有形体扩张感，面料创意设计时不宜过多采用褶裥和堆积（图3-1-29）。

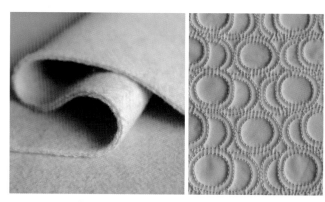

图3-1-29 双面人字呢、绗缝织物

5.透明型面料

透明型面料质地轻薄而通透，视觉上能不同程度地显露身体，具有朦胧性感、优雅神秘的艺术效果。包括棉、丝、化纤织物等，如乔其纱、缎条绢、雪纺、欧根纱和巴厘纱等。为了体现面料透明的特点，面料创意设计时通常采用叠加织物的设计手法，以达到透与不透的朦胧对比效果（图3-1-30）。

图3-1-30 雪纺、欧根纱

（三）其他特殊效果的面料

1.图案面料

图案面料常见的有条纹、格子、波点、小碎花、团花等，因图案的题材和构成规律不同，进行面料创意设计时应以面料图案和风格为依据，选择适合的工艺手法（图3-1-31）。

图3-1-31 图案面料

2.弹性面料

弹性面料可以在被拉伸后回复，具有一定的伸缩性，制成的服装可以紧贴在人体表面，对人体的束缚力很小，活动时倍感灵活。有用氨纶纤维等弹性纤维制成的面料，也有通过针织工艺形成的弹性面料。在面料创意设计的过程中应适度考虑所运用的面料与其他添加材料的弹性大小，以保证创意设计面料服用的良好效果和舒适性能（图3-1-32）。

图3-1-32 氨纶针织弹力面料

3.网眼面料

网眼面料一般具有布面结构松散的特征，有一定的弹性和伸展性，孔眼分布均匀对等。孔眼有大有小，形状有方形、圆形、菱形、六角形、波纹形等，网眼面料有软硬之分，常用于层叠的设计中，或将其附在面料上方体现一种朦胧神秘的感觉或衬垫于面料下方作为支撑，创造出蓬松的效果（图3-1-33）。

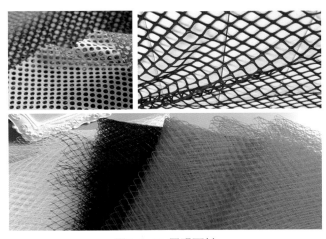

图3-1-33 网眼面料

4.蕾丝面料

蕾丝属于网眼组织，也称为花边面料。蕾丝面料分为有弹蕾丝面料和无弹蕾丝面料。因蕾丝面料质地轻薄通透，具有优雅而神秘的艺术效果，现今作为一种流行面料被广泛地运用于各类服饰的设计中，尤其被大量应用于女装中，体现精雕细琢的奢华感和浪漫气息。蕾丝面料比较薄透，适合多层的设计，或将其罩于其他面料之上，体现女性玲珑的身材（图3-1-34）。

图3-1-34 蕾丝面料

四、其他材料

在服装设计中为了体现设计师独特的构思，往往会选用一些非服装用材料进行面料的再设计，如羽毛（图3-1-35）、填充棉、塑料片、稻草、豆子、植物果实、木材、竹片、石块、铁丝、坚果壳等（图3-1-36）。

图3-1-35 各种羽毛

手缝针的型号为1~12号，针的型号越小，针就越粗越长，针的型号越大，针就越细越短（图3-2-1）。3号手针适用于厚呢面料，4、5号手针适用于薄型毛呢面料，6、7号手针适用于丝绸面料。

用于服装面料创意设计的还有刺绣针、珠绣针和毛线针等。

① 刺绣针。常用9~12号手缝针，9号手针长度约为2.8cm，适用于细丝线，12号手针长度约为2.1cm，适用于将丝线劈成极细的丝或发绣。

② 珠绣针。用于钉缀、穿缝珠子的手针，针柄特别细而长，针孔细小，很容易从微小的珠孔中穿过（图3-2-2）。

③ 毛线针。常用15~20号手缝针。针孔长，适合各种粗细的绒线、毛线穿入，针尖钝圆，适用于粗纺或布纹很粗的材料（图3-2-3）。

图3-1-36 填充棉、塑料片、彩色铁丝和稻草

图3-2-1 手缝针　　　　图3-2-2 珠绣针

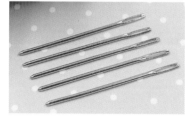

图3-2-3 毛线针　　　　图3-2-4 服装剪

第二节 服装面料创意设计的工具

（一）手缝针

服装缝制常用的手缝针大致可分为粗条针和细条针两种。粗条针针柄不但粗，而且针鼻也大，适宜缝纫粗线，适用于缝制厚的毛呢材料。细条针适宜缝制丝绸丝绒等软薄型材料，使用细条针操作轻巧灵活，而且不易损伤纺织材料。

（二）剪刀

1.服装剪

服装剪主要是用于剪裁大面积布料之类的物品，其外形设计不同于普通剪刀对称的把手，手下半边是标准的半月形，上半边是较小的半月形，下半边较扁，可以在裁剪的时候保持布面平伏，减少误差（图3-2-4）。

2.纱剪

也称为镊剪，剪线头的专用工具，使用简单方便（图3-2-5）。

3.绣花剪

此种剪刀的刀刃细而长，尖部稍向上翘，在进行抽纱、雕绣工艺时，用它挑剪布丝或剪挖底布（图3-2-6）。

图3-2-5 纱剪 图3-2-6 绣花剪

（三）顶针

顶针是配合手针缝绣物品时防止手指扎伤的金属物，常见的顶针有帽式顶针和箍式顶针两种类型。

① 帽式顶针。尤如一顶小"帽子"，表面布满凹痕，使用时戴在右手中指的指尖上，在缝制薄料时用中指的指尖轻轻推动针鼻进针（图3-2-7）。

② 箍式顶针。形状为宽1~1.5cm的圆环，表面布满凹痕（图3-2-8），使用时戴在右手中指第一指骨的关节以下或第二节指骨的上部。在缝制厚型呢料时用箍式顶针顶住针鼻进针，能使上劲儿。

图3-2-7 帽式顶针 图3-2-8 箍式顶针

（四）绣花绷、绣花架

多用于各种刺绣工艺，在进行刺绣时将布料绷平，以防止绣线过紧影响布面的平整。绣花绷大多为竹子、塑料制成的圆形绷子，也有椭圆或其他形状，有不同规格，刺绣时手持较方便（图3-2-9）。绣花架是由木材或金属制成的长方形架绷子，适合绣制大幅绣品，较占用空间，不方便携带（图3-2-10）。

图3-2-9 塑料、竹子绣花绷

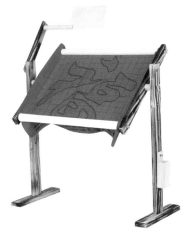

图3-2-10 绣花架

（五）熨斗

选用蒸汽式熨斗为宜，多用于整理、烫平面料。

（六）棒针

棒针是由金属、竹子、塑料等不同材质制成编织毛线衣物的用具。棒针有两种，一种是一端有一圆球形物体的棒针，通常用作编织平面织物（即一来一回编织），圆球的作用是阻隔已编织之活结脱出，这种针的长度常为30cm以上；另一种是两端均为尖形的棒针，用途较广，它既可以编织平面织物，又可以编织圆形织物（即绕圈编织，亦作回旋编织），也有将中间材料换成软质的PVC管，形成可弯曲的环形棒针，以方便携带（图3-2-11）。

图3-2-11 环形棒针和有圆球的棒针

（七）钩针

由弯钩、针轴、捏手和针杆四个部分组成，一端或两端带钩，一般长约15cm，有大小不同型号，各国产的钩针型号各不相同，用于钩织各种衣物。在钩织衣物时应根据线的粗细选择大小适合的钩针。有金属、竹子、塑料等材质之分（图3-2-12）。

图3-2-12 钩针

（八）其他用具

进行服装面料创意设计时还会用到各种尺、锥子、镊子、珠针、水消笔等（图3-2-13、图3-2-14）。其中，常用软尺测量长度，用直尺画线条，运用钢尺切割材料。锥子是在布面上钻孔或做标记的一种常用工具。镊子用来夹取小珠粒、水钻等点状材料或在盘花工艺中用于弯曲绳条材料。珠针用来暂时固定上下层面料或做标记，水消笔用于绘制图案、做标记线等，遇水则消失，不会影响创意设计面料最终的效果。

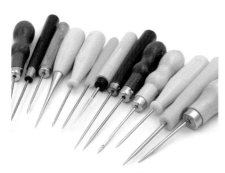

图3-2-13 锥子

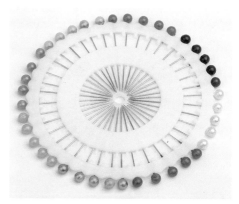

图3-2-14 珠针、水消笔

第四章 服装面料创意设计技法

第一节 服装面料创意设计的增型设计技法

服装面料创意设计的增型设计是在成品面料的表面添加质地相同或不同的材料，从而改变织物原有的外观，形成层次丰富、具有立体效果的新型面料。其表现技法有染、印、绘、绣、贴、挂缀等。面料创意设计的增型设计技法运用线、绳、带、布、珠片、羽毛、金属、铆钉等材料，通过材质、色彩、质感、肌理的变化进行设计，对服装面料进行装饰和美化，是面料创意设计中最常用的方法（图4-1-1）。

图4-1-2 扎染、蜡染、涂鸦、手绘及数码印花

图4-1-1 服装面料创意设计的增型设计及其应用的服装

（一）手绘

手绘是运用一定的工具和染料在现有面料上以手工绘画的技法直接绘制的一种方法，可以是图案，也可以是随意形。手绘的特点是将绘画艺术与服装款式巧妙结合，形式新颖别致，效果高雅华丽，与其他面料创意设计技法相比，工艺限制少，制作简便，经济实惠，而装饰性和艺术性都较高，且用笔挥洒自如，这使得设计构思在面料上的表现更为自由，是一种简便的面料创意设计技法（图4-1-3）。

一、面料的二次印染

印染历史悠久，实现起来比较容易。是通过对需要进行图案装饰的纺织服装材料采用一定的工艺，将染料转移到面料上，主要指染色和印花。面料的印染包括传统意义上的手绘、蜡染、扎染、蓝印花布等，还包括电脑喷印、数码印花等现代印花技术（图4-1-2）。

随着印染技术越来越发达，在街头元素得到重视的近几年，印花染色的方式越来越多，染色方法也越来越简单，非常流行的涂鸦、手绘、数码印花等，快速且效果生动。

图4-1-3 手绘的多种表现手法

我国知名设计师吴海燕在创作中也非常注重手绘这一手法，她荣获"兄弟杯"金奖的"鼎盛时代"系列服装就是采用手绘的方法（图4-1-4）。

图4-1-4 吴海燕"鼎盛时代"系列服装

1.手绘材料和工具

（1）材料
各类织物、丙烯颜料或纺织颜料（图4-1-5）。
（2）工具
各类软硬毛笔、排刷、喷笔、消失笔和刮刀等（图4-1-6）。

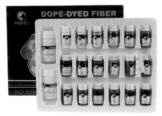

图4-1-5 手绘用丙烯颜料、纺织颜料

图4-1-6 手绘用毛笔、排刷、喷笔

2.手绘技法及步骤

步骤一：设计构思

手绘设计构思自由，可更好地表现一般机械印花织物所达不到的特殊艺术效果。图案的选择和布局可根据服装的款式、装饰物品的造型灵活掌握，统筹安排。手绘能够表现出独特的设计风格，能较为充分地体现出新奇的花色潮流，使每件作品具有不同的个性情趣。

步骤二：描绘图案

先将备好的织物洗净晾干，熨平后绷在画板上，以防图样走形，然后用水消笔将设计好的图稿描绘在织物上（图4-1-7），注意造型准确，线条清晰。

图4-1-7 描绘图稿

步骤三：着色

根据构思的主题、用途以及织物的性能和风格确定表现的形式与绘制技巧（图4-1-8）。在飘柔、轻薄的透明织物上多装饰造型灵巧、清秀的图案，或吸收借鉴我国传统的花鸟、山水画的技法，以笔墨浓淡和色彩退晕的变化取得淡雅文静的民族情趣；在朴素、厚实的织物上，可运用水彩画或油画的技法与笔触，以达到粗犷自然的古朴效果。

图4-1-8 着色过程

步骤四：整饰定型

根据使用的染料性能和工艺要求进行熨烫和蒸汽处理，以增强固色。也可以根据需要运用其他工艺方法对手绘作品进行再处理，以体现更丰富的装饰效果。

3.手绘过程中遇见的问题及解决方法

① 图案的颜色不均匀。下笔时轻时重，或者颜料太稠，建议下笔时保持力度一致，并在颜料里面加入适量的水分。

② 线条时粗时细。勾线时力度没有掌握好，在勾线时力度要保持一致。线条时断时续，有可能是颜料太干，加适量水分调和使用。

③绘画图案干后手感硬。一是因为颜料太稠，要加清水调和。二是在同一个地方重复、过量涂颜料，在同一个地方涂颜料不要超过三层。

④绘画图案的线条渗水走位。颜料加水太多，笔清洗后没有擦干水分，或者是服装本身已经弄湿了。

⑤画错线条或涂错颜色时，不要急于用水擦拭，也不能马上拿去洗涤。颜料干后先用白色颜料覆盖画错的线条，白色颜料干后再补涂上正确的线条。

4.手绘作品及其在服装中的应用

（1）学生作品赏析

如图4-1-9~图4-1-17所示。

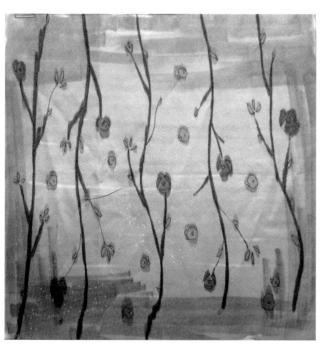

图4-1-9 手绘淡彩花卉

图4-1-10 随意点彩手绘

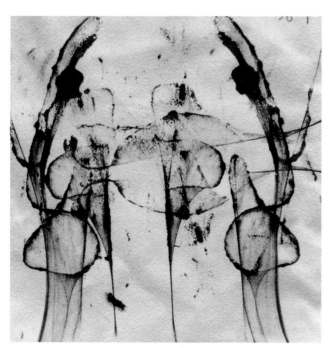

图4-1-12 肌理拓印形成的手绘

图4-1-11 手绘淡彩花卉

图4-1-13 手绘重彩花卉

图4-1-14 手绘平涂色块

图4-1-16 褶皱面料的手绘

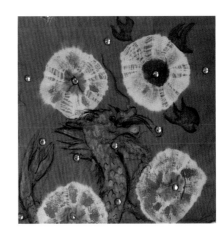

图4-1-17 扎染面料的手绘

图4-1-15 手绘与剪切结合

31

（2）服装中的手绘应用

如图4-1-18~图4-1-20所示。

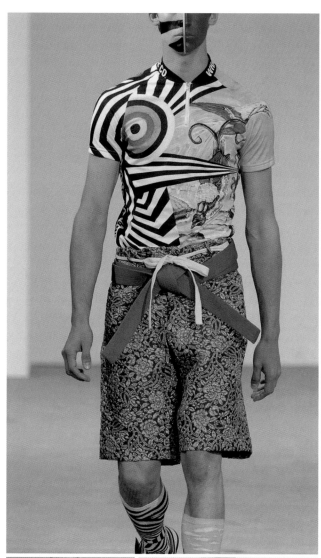

图4-1-19 手绘在女时装中的应用

图4-1-18 手绘在男装中的应用

图4-1-20 手绘在服装作品中的应用

（二）蜡染

蜡染是用蜡进行防染的印染方法，利用蜡的排水性，在面料上按纹样的需要将熔化的蜡液用绘蜡或印蜡工具涂绘或印在面料上，蜡液在面料上冷却并形成纹样，然后将绘蜡或印蜡的织物放在染液中染色，织物上绘蜡或印蜡的纤维部分被蜡层覆盖，染液不能够渗入，因而不被染色，其他没有绘蜡或印蜡的部位则被染料着色，染色时由于搅动，蜡花开裂，染液顺着裂缝渗透，留下人工难以描绘的自然冰纹，再经过加温去蜡，漂洗后形成图案（图4-1-21）。

图4-1-21 蜡染作品及其形成的冰纹

蜡染过程中冰纹的出现从浅到深，含蓄神秘，而且每一幅作品都不尽相同，这就形成了其他印染技术无法实现的图案纹理。蜡染运用的手法十分灵活，可以根据不同的设计主题进行图案表现，或粗犷或细腻，或浓烈或淡雅，也可通过传统的工艺表达极具现代感的图案（图4-1-22）。

图4-1-22 蜡染的不同表现效果

1.蜡染材料和工具

各类棉、麻、丝、毛及化学纤维的织物都可以用于蜡染，因染色条件有限，这里选择易于获得、操作简便的材料和工具进行介绍。

（1）材料
白棉布、靛蓝染料、石蜡、松香（图4-1-23）。
（2）工具
熔蜡器、染槽、木框、蜡染刀、蜡染壶（或毛笔）、排刷、水消笔等（图4-1-24）。

图4-1-23 蜡染用靛蓝染料、石蜡、松香

图4-1-24 蜡染用熔蜡器、木框、蜡染刀、蜡染壶

2.蜡染技法

（1）坯布处理

先将织物放入加碱的水中浸泡两到三小时，再用冷水洗净，晾干熨烫平整备用。因为多数织物上有残存的淀粉浆或化学药品会直接妨碍封蜡和染色，通过处理后，可确保蜡能均匀地黏附在织物上，并使其在染色过程中不致于碎裂脱落，并能使染料均匀地渗透到织物中去。

（2）描样

将备好的织物裁剪成形，用水消笔或铅笔将图案描绘在织物上（图4-1-25），应注意图案的构图以及点线面的结合使用。

（3）上框

把描好图案的织物固定在木框上，使织物的各边绷紧平展，这样有利于蜡液顺利地渗透到织物中（图4-1-26）。

图4-1-25 蜡染描样　　　　图4-1-26 上框

（4）熔蜡

将备好的蜡块放入熔蜡器中进行加热，使其熔化成液态。可根据图案的风格适当加入松香，加入少量松香可使蜡液凉后松脆，易产生蜡纹。

熔蜡时需注意：蜡易燃，熔蜡加热时应采用温火慢慢的进行加热，一般蜡温以95~120℃为好。

（5）封蜡

根据图案用蜡染刀或毛笔等工具蘸取蜡液在织物上进行描绘和涂抹（图4-1-27）。蜡应涂得均匀，并且要渗透织物，否则染后的图案会不清晰。

图4-1-27 封蜡

（6）染色

待蜡液干结后进行染色。靛蓝染料的染色过程相对简单，将封好蜡的织物投入染缸中约15min后取出，然后悬挂在空气中进行氧化处理即可（图4-1-28）。使用其他染料染色可参见染料使用说明进行操作，同时可使用多种颜色进行多次染色，获得复色蜡染（图4-1-29）。

图4-1-28 靛蓝染色及氧化后的效果　　图4-1-29 复色蜡染

染色前可根据设计需要，以手掰、揉搓、刻划或折叠等方式制造出所需的人工裂纹。

（7）脱蜡

常用蒸煮的方法脱蜡。将氧化过的织物投入100℃的热水中，充分搅拌，然后在水中加入洗衣皂，搅拌均匀，将织物浸泡3min，再搅动，直至蜡液全部脱去，取出织物用清水漂洗干净即可（图4-1-30）。

图4-1-30 热水脱蜡

另一种脱蜡方法是将蜡染的织物夹在两层报纸之间，运用熨斗反复熨烫，让报纸吸取织物上熔化的蜡液，边熨烫边更换报纸，直至蜡全部脱去。

（8）整饰定型

将脱去蜡的织物洗净并除去浮色，晾干熨平完成作品。也可继续运用面料创意设计的其他工艺手法对其进行设计。

3.蜡染作品及其在服装中的应用

（1）学生蜡染作品

如图4-1-31~图4-1-37所示。

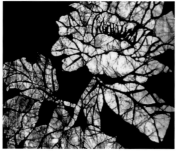 

图4-1-31 蜡染单独纹样　　　　图4-1-32 传统蜡染图案

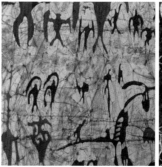 

图4-1-33 复色蜡染图案　　　　图4-1-34 封存图案的蜡染

图4-1-35
封存背景的蜡染　　　图4-1-36
蜡染图案局部　　　图4-1-37
蜡染图案

（2）蜡染在服装中的应用

如图4-1-38~图4-1-43所示。

图4-1-38 传统的蜡染服装

图4-1-39 蜡染在上衣中的应用

图4-1-40 蜡染在下装中的应用

图4-1-41 蜡染在民族风时装中的应用

图4-1-42　　　　　　　　图4-1-43
蜡染在休闲装中的应用　　蜡染在时装中的应用

（三）扎染

扎染是我国传统印染技法之一，它是利用线绳等工具，将待染材料以不同的扎结方法扎制，然后经过浸水染色、解扎、整烫等工序而形成自然的由深到浅的色晕效果。扎染图案的形成取决于扎制方法，不同的扎制方法得到不同的扎染效果，或清晰、或朦胧、或写实、或抽象。这些方法的运用使扎染具有质朴、原始、自然的特点，在当今怀旧及回归自然的思潮里倍受人们的喜爱（图4-1-44）。

图4-1-44 扎染作品及其在时装中的应用

1.扎染材料和工具

（1）材料

白棉布、染料、盐、线绳等（图4-1-45）。

（2）工具

煮锅、电磁炉、剪刀、天平、量杯、温度计、搅拌棒、水消笔、模具等（图4-1-46）。

图4-1-45 扎染用线绳
（结实、不掉色）　　　　图4-1-46 扎染用的模具

2.扎染技法

步骤一：织物染前处理

首先将织物用皂水洗净、清透、晾干、熨平，除去织物上的油污等杂质，便于上色。

步骤二：扎结工艺

扎是图案设计构思表现的第一步，扎结的手法和疏密松紧不同，形成的图案效果也不同，是全部工艺过程中关键一步。扎结的基本技法有捆扎法、缝绞法、器物辅助法、综合法等。

（1）捆扎法

捆扎法是用各种线绳、橡皮筋等对布料进行捆绑、缠绕后打结固定的扎捆方法。分为圆形捆扎、折叠捆扎和任意皱褶捆扎。

圆形捆扎是最基本的捆扎方法，可制成空心圆、同心圆和实心圆的图案，制作时可根据图案的位置，先找出圆心，用手捏起圆心处的布料后，将垂吊的面料整理好，再根据需要捆扎（图4-1-47~图4-1-52）。

折叠捆扎是将织物按不同的方式折叠后进行捆扎（图4-1-53~图4-1-58）。

任意皱褶捆扎多用于大理石花纹的制作，是将面料铺平做任意皱褶后捆紧的方法（图4-1-59~图4-1-62）。

 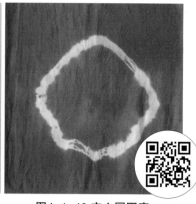

图4-1-47 空心圆的捆扎　　　图4-1-48 空心圆图案

 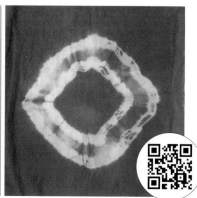

图4-1-49 同心圆的捆扎　　　图4-1-50 同心圆图案

图4-1-51 实心圆的捆扎　　　图4-1-52 实心圆图案

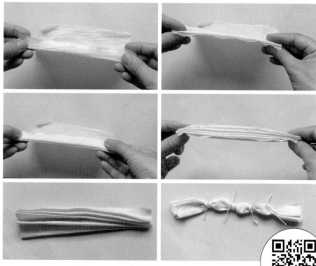

图4-1-53 折叠捆扎之一长条捆扎

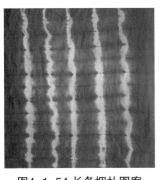

图4-1-54 长条捆扎图案

图4-1-55 折叠捆扎之二三角捆扎

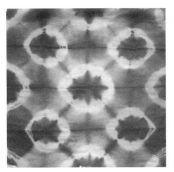
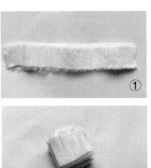

图4-1-56 三角捆扎图案

图4-1-57 折叠捆扎之三方块捆扎

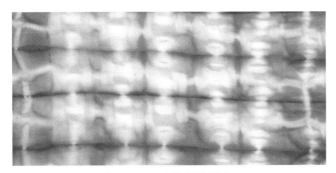

图4-1-58 方块捆扎图案

图4-1-59 任意皱褶捆扎之一缩褶捆扎

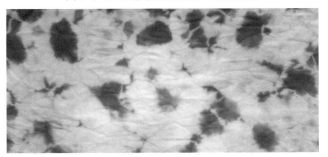

图4-1-60 缩褶捆扎图案

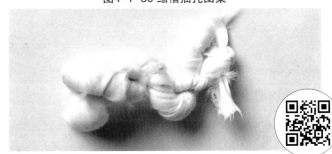

图4-1-61 任意皱褶捆扎之二绞拧捆扎

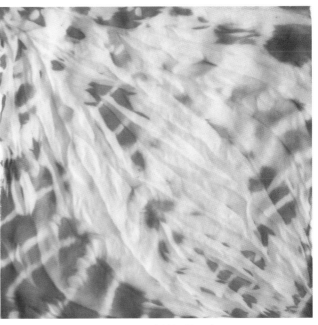

图4-1-62 绞拧捆扎图案

（2）缝绞法

缝绞法是用针线穿缝绞扎织物，随之抽紧固定的扎结方法，针法不同形成的图案不同，可充分表现设计者的意图。缝绞法可分为平针缝绞法、卷针缝绞法和钉缝法等。

平针缝绞法是用大针穿线，沿设计好的图案，在布料上均匀平缝后拉紧的方法。有单线平缝（图4-1-63~图4-1-66）、双线平缝（图4-1-67、图4-1-68）、满地平缝（图4-1-69、图4-1-70），也有将面料折叠后的平缝（图4-1-71~图4-1-76），运用各种平针缝绞可变化线迹的造型，获得不同的扎染图案。

卷针缝绞法是运用卷缝的方法缝绞捆扎，缝制时需要一边缝一边抽紧线绳（图4-1-77、图4-1-78）。

钉缝法需将布料折叠成多层后根据需要运用针线缝钉，折叠方式不同、钉缝部位不同都将形成不同造型的图案（图4-1-79、图4-1-80）。

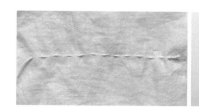

图4-1-63 单线平缝之一直线平缝

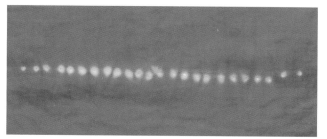

图4-1-64 单线平缝之一直线平缝图案

图4-1-65 单线平缝之二折线平缝

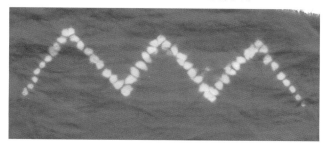

图4-1-66 单线平缝之二折线平缝图案

图4-1-67 双线平缝之一直线

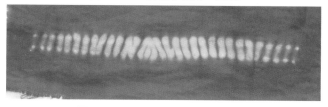

图4-1-68 双线平缝之二直线图案

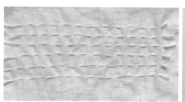

图4-1-69 满地平缝

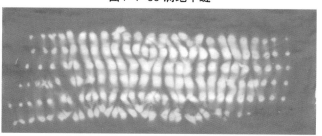

图4-1-70 满地平缝图案

图4-1-71 对折平缝之一直线单线平缝

图4-1-72 对折平缝之二直线单线平缝图案

图4-1-73 对折平缝之二弧线单线平缝

图4-1-74 对折平缝之二弧线单线平缝图案

图4-1-75 W形折叠之一单线直线平缝

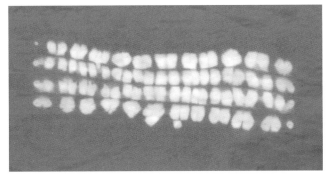

图4-1-76 W形折叠之一单线直线平缝图案

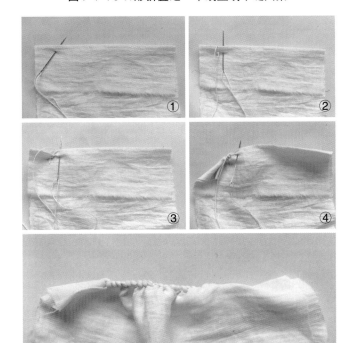

①　②　③　④　⑤　⑥

图4-1-77 卷针缝绞法

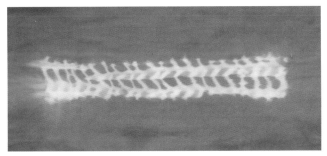

图4-1-78 卷针缝绞法图案

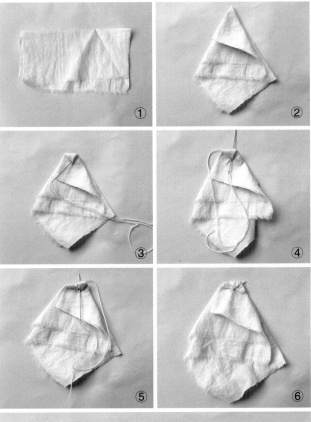

图4-1-79 钉缝法之一小蝴蝶花

图4-1-80 小蝴蝶花图案

（3）器物辅助法

器物辅助法是采用石块、豆子、棍棒、夹子等器物配合捆扎的方法。有包物法、夹扎法等。

包物法是用布料将坚硬、不易变形的物体紧紧包裹后，再用线绳捆扎的方法（图4-1-81、图4-1-82）。

夹扎法是用两块大小形状完全相同的木棒、金属板或特制模具将折叠好的布料夹在当中的扎捆方法（图4-1-83、图4-1-84）。

图4-1-81 包物法

图4-1-82 包物法图案

图4-1-83 夹扎法之一方块夹扎

图4-1-84 方块夹扎图案

（4）综合法

综合法即将捆扎法、缝绞法、器物辅助法等多种方法进行综合的应用（图4-1-85~图4-1-88）。

图4-1-85 运用单线平缝、满地平缝、卷缝和捆扎多种方法

图4-1-86 运用单线平缝、双线平缝、任意皱褶捆扎多种方法

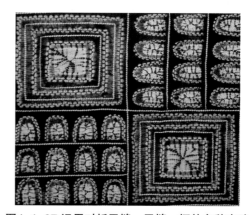

图4-1-87 运用对折平缝、平缝、捆扎多种方法

图4-1-88 运用单线平缝、双线平缝、圆形捆扎、任意皱褶捆扎多种方法

染色直接关系到作品的成败，通过浸染、高温染，染液随织物扎结松散部位渗透，由外向里，由松到紧，在特定时间内形成图案。

在整个扎染过程中，染色是作品的完成阶段，是作品色彩好坏的关键环节。染料不同，适用的纤维织物不同，都有相应的染色工艺和方法。这里具体介绍直接染料的染色方法。

（1）棉麻织物染色

材料准备：棉麻织物100g，染料1~5g，氯化钠5~20g，浴比1:20~1:60。

工艺流程：染料→加水→加温（至50℃左右）→投入织物→加氯化钠→加温（30~60min）→取出织物→清洗。

（2）人造棉、人造丝织物染色

材料准备：人造棉、人造丝织物100g，染料0.5~2g，氯化钠3~10g，浴比1:100。

工艺流程：染料→加水→加温（至50℃左右）→投入织物→加氯化钠→加温（20~40min）→取出织物→清洗。

（3）丝织物染色

材料准备：丝织物100g，染料1~4g，浴比1:20~1:50。

工艺流程：染料→加水→加温（至50℃左右）→投入织物→加氯化钠→加温（20~30min）→取出织物→清洗。

染色注意事项：染色前用工具蘸一点染液，通过染液滴下的色泽，以判别染色深浅程度。染色过程中要不停搅拌、翻动，染液要没过织物，这样才能使其上色均匀，同时提高颜色的饱和度。一般织物染色后在湿态时的色彩较深，而干燥后则变浅，如需加深，可在热水中加少量染料助剂，进行复染。

一般单色扎染作品可用以上工艺一次完成染色，而复色等套染作品，大多采用先染浅色、后染深色的方法，进行多次染制。

单色染色法：将扎结好的织物投入染液中，一次染成。染时，因扎结部位染液渗透不一，形成由深及浅的色彩退晕，使图案呈现出色调柔和、过渡自然、层次丰富的艺术效果（图4-1-89）。

图4-1-89 单色染色法

复色染色法：完成一次染色取出后，根据图案的设计需要，重复扎结，再次染色（也可反复扎结，多次染色），以中色压浅色，以深色压中色，还可搭色、变色，如黄+蓝=绿、黄+红=橘等。在具体染色时，一定要预先设计，第二次的扎结与第一次扎结纹样要相互联系，统一安排，色彩上相互搭配，有整体感。经多次扎结与染色，可形成色彩丰富多变的艺术效果（图4-1-90）。

图4-1-90 复色染色法

染色后的织物先用水进行冲洗，以除去浮色，然后再拆解线绳，晾至半干后，用熨斗熨烫平整。

注意在拆解线绳时一定要小心，不要用力过猛，以免将织物撕破。

3.扎染作品及其在服装中的应用

（1）学生扎染作品

如图4-1-91~图4-1-99所示。

图4-1-91 三角形折叠捆扎法　　图4-1-92 包物法

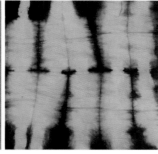

图4-1-93 平缝捆扎法　　图4-1-94 长条折叠捆扎法

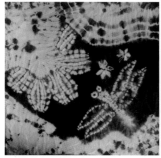

图4-1-95 综合法　　图4-1-96 折叠捆扎法

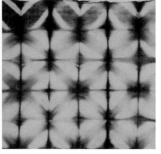

图4-1-97 综合法　　图4-1-98 夹扎法

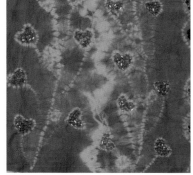

图4-1-99
扎染与钉珠结合

（2）扎染在服装中的应用

如图4-1-100~图4-1-105所示。

图4-1-100 扎染在礼服中的应用

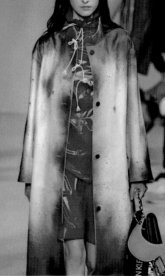

图4-1-101 扎染在时装中的应用

图4-1-104 扎染在牛仔装中的应用

图4-1-102 扎染在休闲装中的应用

图4-1-103
扎染在针织服
装中的应用

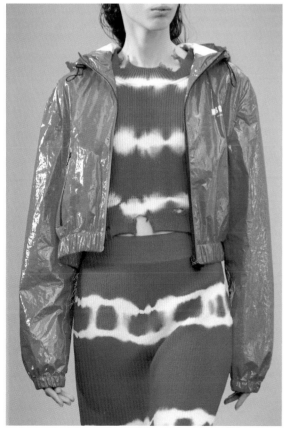

图4-1-105 扎
染在真丝服装
中的应用

二、刺绣

刺绣是通过机器绣或手工绣的方法对服装面料进行外观改造，使面料更具装饰性。传统手工绣花通常是对面料的局部进行再加工，着重表达面料图案的艺术性。机器绣除了对面料局部的再加工，还可以对服装面料进行全面的外观改造。常用的刺绣技法包括彩绣、珠绣、丝带绣、贴补绣（图4-1-106）。

图4-1-106 彩绣、珠绣、丝带绣、贴补绣作品及刺绣在服装上的应用

（一）彩绣

彩绣是采用不同材质和色彩的绣线在面料上用各种针法进行缝制，彩绣工艺具有鲜明的特征，是其他刺绣的基础。

1.彩绣材料和工具

（1）材料
服装面料、各种绣线等。
（2）工具
手缝针、顶针、纱剪、绣绷、水消笔等。

2.彩绣针法

彩绣针法种类繁多，按照工艺特点可以分为以下四大类。

（1）绗缝针类针法

① 绗缝针。由右向左行针，针距一致，每缝两三针后拔针，形成点状线迹（图4-1-107）。

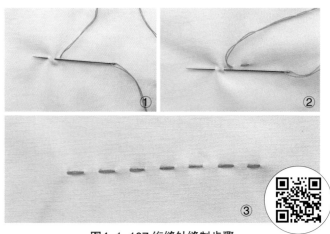

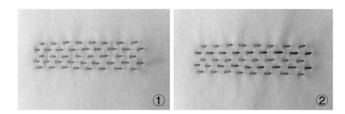

图4-1-107 绗缝针缝制步骤

② 纳绗针。由几行平行排列的绗缝针组合而形成。行与行之间针脚错位形成点状图案（图4-1-108）。设计应用时可通过变化行与行的间距，行与行针脚的对齐方式，缝线的粗细、材质和色彩等进行创新。

图4-1-108 纳绗针缝制步骤

③ 穿绗针。在一行绗缝针的基础上再穿缝另一根绣线，以绗针的线脚来固定穿缝的绣线形成图案（图4-1-109）。

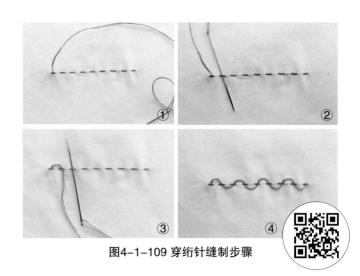

图4-1-109 穿绗针缝制步骤

④ 绕绗针。与穿绗针类似，是在一行绗缝针的基础上再绕缝另一根绣线，并用绗针的线脚固定绕缝的绣线，形成图案（图4-1-110）。

穿绗针与绕绗针在缝制时，留在布面上的绣线线圈大小要适合，以防止勾丝影响外观效果。最好用粗些的线穿缝，在增强装饰效果的同时，线圈也会固定得比较牢固。缝制时可通过搭配绗缝针与穿绕的绣线颜色、材质进行设计。

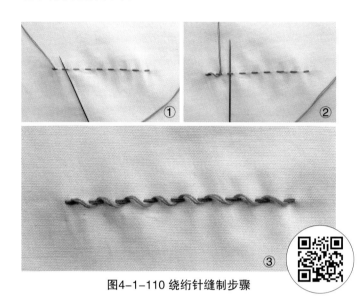

图4-1-110 绕绗针缝制步骤

⑤ 八字针。八字针是在缝针时调整绗缝针进针的角度，使绗缝的线迹呈倾斜状，行针方向由右向左，由两行倾斜角度相对的绗缝针组成一行八字针图案（图4-1-111）。

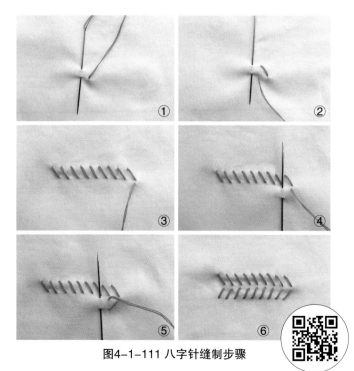

图4-1-111 八字针缝制步骤

⑥ 纳绗一字针。是以线迹排列法构成图案的一种针法。行针方向自右向左，进针方向由下向上，纳绗时注意一字针的长短一致，排列整齐形成图案（图4-1-112）。

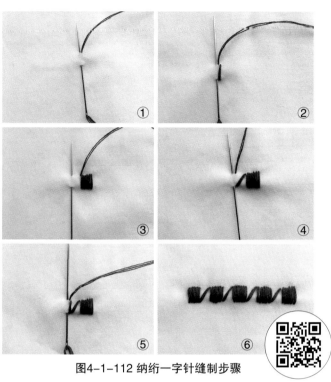

图4-1-112 纳绗一字针缝制步骤

（2）倒回针类针法

① 倒回针。倒回针是自右向左缝制，先进一针，出针后向右倒退一针，然后再向左进两针，这样反复走针，形成一行。倒回针在装饰针法中又被称作"齐针"（图4-1-113）。

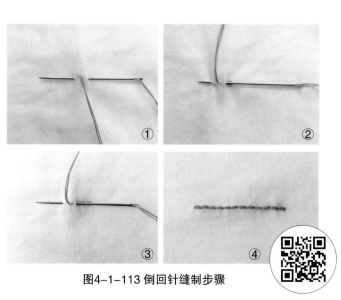

图4-1-113 倒回针缝制步骤

② 盘肠针。在缝制完成的倒回针线迹上，用另一根绣线盘绕而形成的一种装饰线迹（图4-1-114）。盘绕装饰线迹时，线圈大小要适合，以线圈稳定不变形、不产生勾丝为宜。

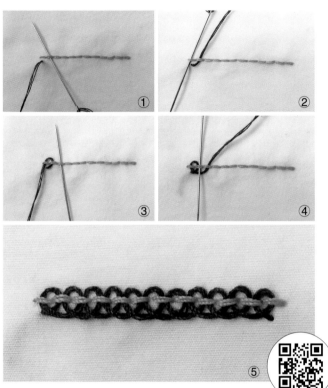

图4-1-114 盘肠针缝制步骤

③ 点珠针。同倒回针的缝法，在缝制倒回针时将原本留在面料正面的针脚变小，针脚和针脚间留出间距。

具体缝制步骤是自右向左进针，出针后向右倒退一根布丝后进针，再向左间隔约四根布丝出针，再倒退一根布丝进针，这样反复走针，形成一行小点构成的线迹，很像微小的珠粒，又称"点绣"（图4-1-115）。

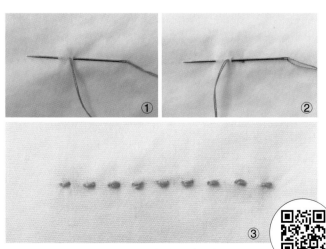

图4-1-115 点珠针缝制步骤

④ 柳针。柳针在我国古代刺绣针法中称为"滚针"。缝制时自左向右行针，由右向左进针，第一针线迹较长，出针后向左约线迹的1/3处进针，出针后的线迹与第一针等长再进针，每针错位1/3，反复缝制形成一行（图4-1-116）。

柳针针脚间有重叠，故线迹较粗。常用于缝制外轮廓线、植物的枝干等。

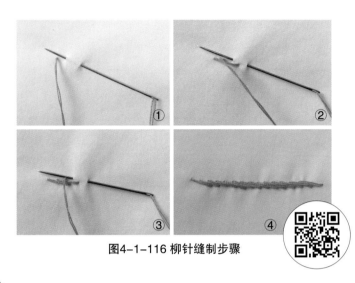

图4-1-116 柳针缝制步骤

⑤ 双回针。是在倒回针基础上，将正反面线迹位置调换形成的一种装饰针法。缝制时，行针方向自左向右，进针方向自右向左，松紧适宜（图4-1-117）。

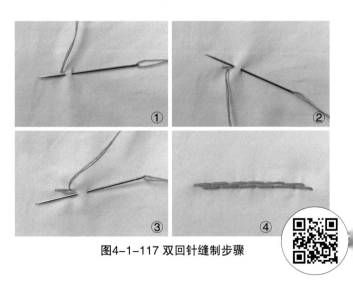

图4-1-117 双回针缝制步骤

⑥ 流苏针。是双回针的变形针法，在双回针的基础之上，将上线带紧，下线放松，使下线自然下垂形成线套，犹如流苏悬垂，此种针法多用于装饰花边（图4-1-118）。

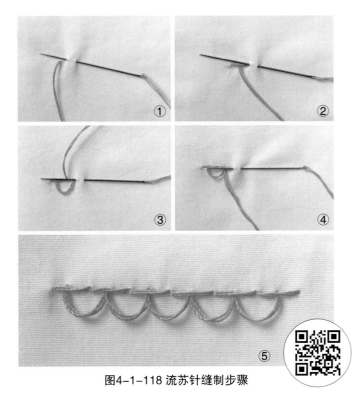

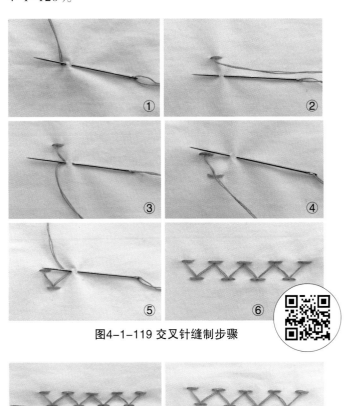

图4-1-118 流苏针缝制步骤

⑦ 交叉针。双回针的变形针法。在缝制双回针时将底线带出布面，形成交叉线迹（图4-1-119）。两行平行排列的交叉针组合可形成菱形花针图案（图4-1-120）。

图4-1-119 交叉针缝制步骤

图4-1-120 菱形花针缝制步骤

⑧ 三角针。又被称为交叉针，是倒回针的一种变化针法。自左向右行针，自右向左进针，同时上下错位走倒回针（图4-1-121）。

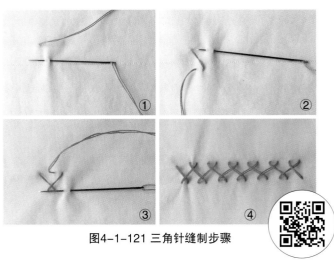

图4-1-121 三角针缝制步骤

因三角针浮线较长，装饰线迹易勾丝，保型性较差，可在三角针线迹上进行缠绕、钉缝、叠压缝等处理，在加固的同时又具有装饰的作用，如缠绕三角针、钉缝三角针、重复三角针（图4-1-122~图4-1-124）。

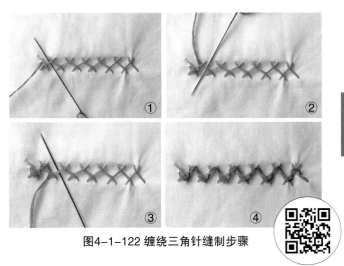

图4-1-122 缠绕三角针缝制步骤

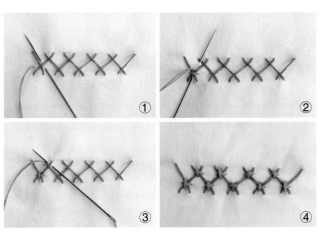

图4-1-123 钉缝三角针缝制步骤

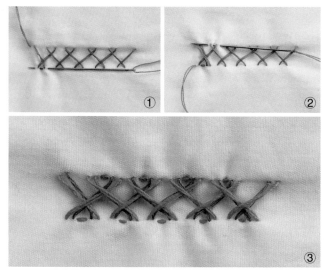

还可根据影针运用绣线缠绕或环绕形成装饰线迹，分为缠绕正影针（图4-1-127）、环绕正影针（图4-1-128）。

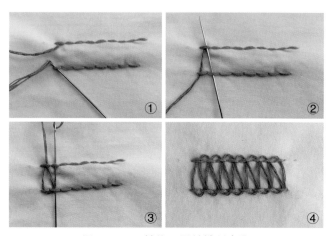

图4-1-124 重复三角针缝制步骤

图4-1-127 缠绕正影针缝制步骤

⑨ 影针。影针是三角针的一种变形针法，缝制步骤与三角针相同，在缝制时需缩短三角针的间距，同时加大上下回针的宽度。影针正反两面效果截然不同，使用时可根据需要选用（图4-1-125、图4-1-126）。

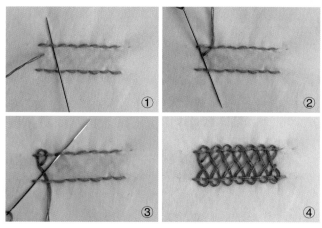

图4-1-128 环绕正影针缝制步骤

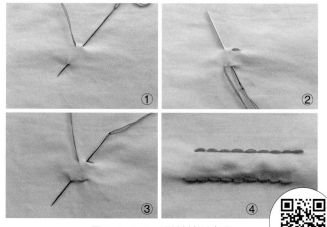

图4-1-125 正影针缝制步骤

⑩ 鱼骨针、水草针。根据图案造型，运用回针的缝制方法将针脚排列组合后形成的装饰线迹（图4-1-129、图4-1-130）。

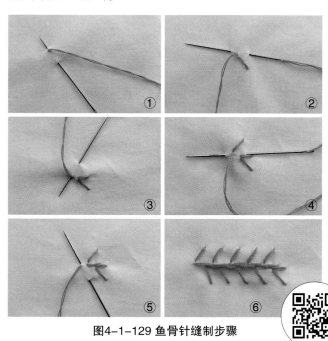

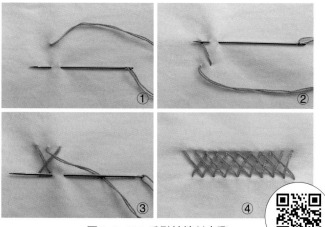

图4-1-126 反影针缝制步骤

图4-1-129 鱼骨针缝制步骤

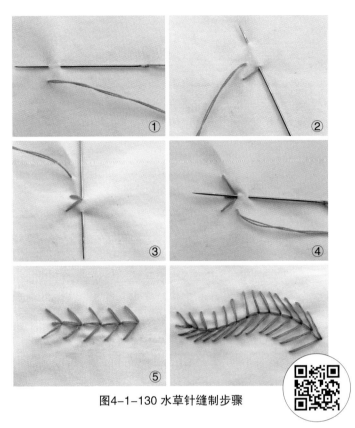

图4-1-130 水草针缝制步骤

辫子股针不仅美观而且实用，是现知最早出现的套针针迹，据史料记载在商周时期用于衮服（古代君王等的礼服）上的刺绣装饰。

在辫子股针的基础上，将线套内两个进针点的间距增大可形成宽链针（图4-1-132）。在绕线套时扭转一下，并将一个进针点移到线套外侧，便形成扭形链针（图4-1-133），此种针法装饰性强，实用性差。

（3）套针类针法

① 辫子股针。辫子股针又被称为链形针，由纩缝针法变化而形成，基本针法为"打线套"，在行针时由右向左，带线时线套不宜拉得过紧（图4-1-131）。

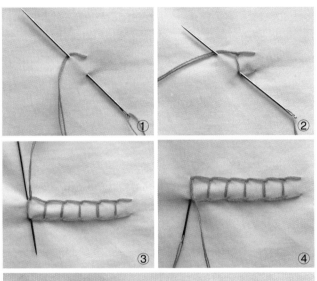

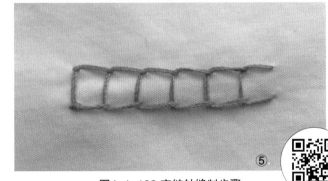

图4-1-132 宽链针缝制步骤

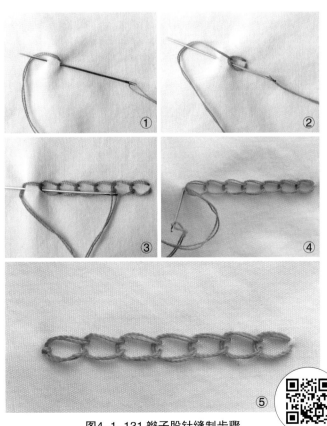

图4-1-131 辫子股针缝制步骤

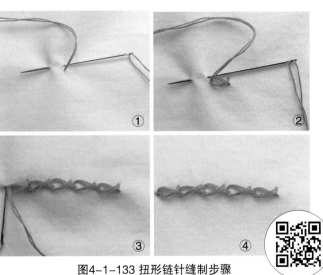

图4-1-133 扭形链针缝制步骤

② 乌眼针。乌眼针是辫子股针的针法重组后形成的一种装饰图案，这种针法适用于点状花卉、小草的图案组合。基本针法为套针扣结（图4-1-134）。

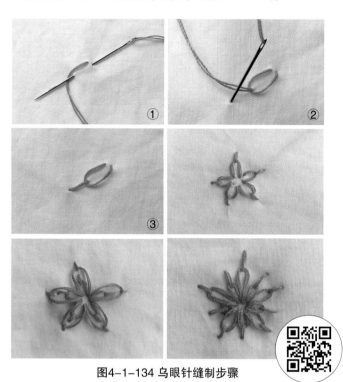

图4-1-134 乌眼针缝制步骤

③ 长链花针。长链花针又称羽毛链针，是在辫子股针的基础上将扣结针的线迹加长，并转折形成"之"字形，这种针法适宜作二方连续图案，多用于花边装饰（图4-1-135）。

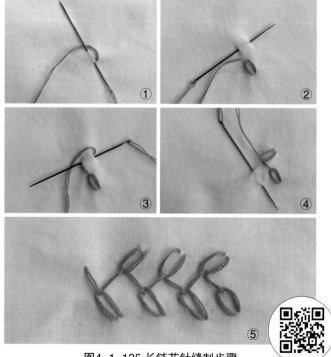

图4-1-135 长链花针缝制步骤

④ 鹿角针。鹿角针是装饰性较强的一种套针针法，由于线迹图案很像鹿角，故此得名。鹿角针多用于花边装饰，有三针花、五针花、七针花等图案变化，又被称为杨树花针、羽毛针等（图4-1-136）。

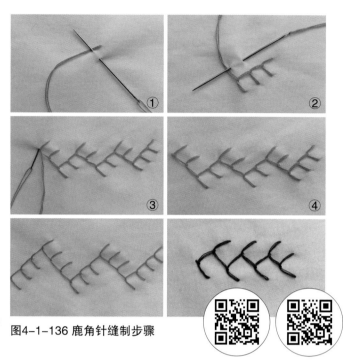

图4-1-136 鹿角针缝制步骤

⑤ 锁针。锁针的针法分为锁边针、锁扣眼针两种针迹，都属于套针结构。将锁边针重新排列即可形成各种装饰图案，如套锁格状图案（图4-1-137、图4-1-138）、套锁阶梯状图案（图4-1-139）、套锁荷叶边图案（图4-1-140）、蜂巢图案（图4-1-141）、套锁扇形图案（图4-1-142）、套锁轮状图案（图4-1-143）等。

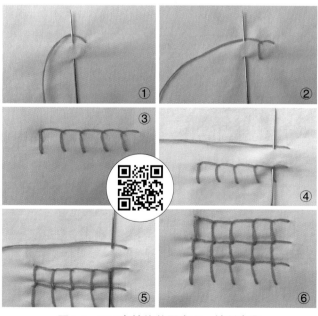

图4-1-137 套锁格状图案之一缝制步骤

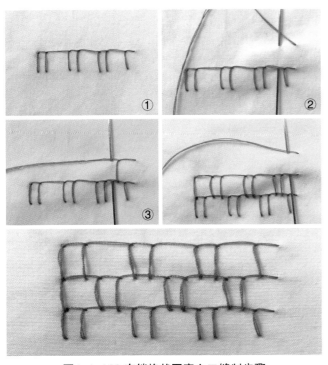

图4-1-138 套锁格状图案之二缝制步骤

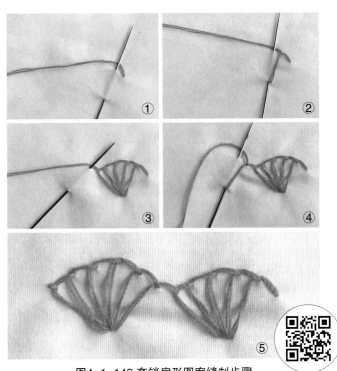

图4-1-142 套锁扇形图案缝制步骤

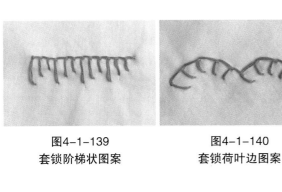

图4-1-139
套锁阶梯状图案

图4-1-140
套锁荷叶边图案

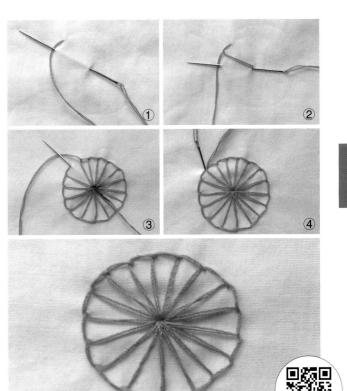

图4-1-143 套锁轮状图案缝制步骤

⑥ 双三角针

双三角针是在套针针法基础上变化形成的一种装饰性针法，多用于二方连续的花边，此种针法牢度差，缝制时应注意针脚的大小和绣线的松紧（图4-1-144）。

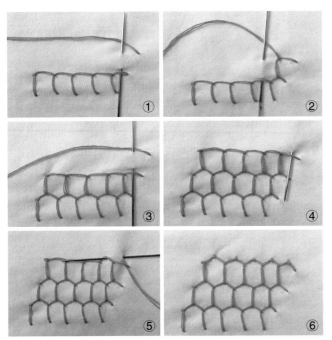

图4-1-141 蜂巢图案缝制步骤

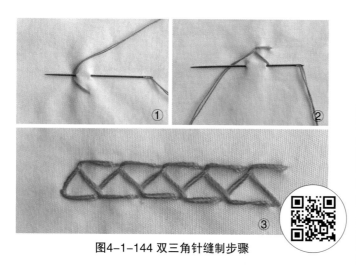

图4-1-144 双三角针缝制步骤

⑦ 链形针。链形针又被称为锁链针，是套针的一种变形装饰针法，起针将线穿出布面，在布面上把绣线绕在针杆上形成线套，然后用拇指按住线套，紧挨出针位置扎下一针后，向前一步出针，拔针带线后，即完成一个链形针，再绕针，进针，反复走针，则形成链形针图案。多用于缝绣象形的铁锚链或装饰花边（图4-1-145）。

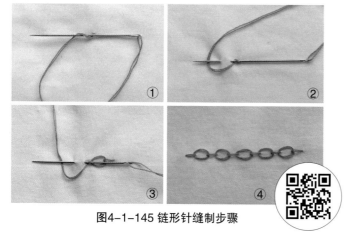

图4-1-145 链形针缝制步骤

⑧ 叶形针。叶形针是在套针基础上变化而形成的一种装饰针法，由于线迹图案很像叶子，故此得名（图4-1-146）。

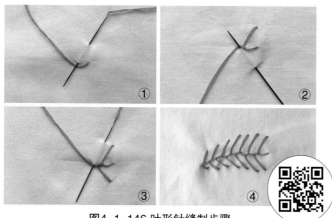

图4-1-146 叶形针缝制步骤

⑨ 麦穗针。麦穗针是根据套针的基本结构，按图案效果重新排列针脚，缝制后形成麦穗形状的装饰针法（图4-1-147）。

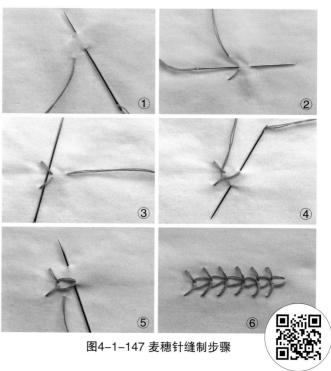

图4-1-147 麦穗针缝制步骤

⑩ 丫丫针。套针变形的一种装饰针法，运用套针线迹组成一列"丫"字（图4-1-148）。

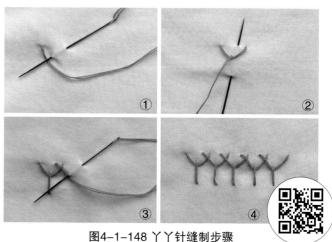

图4-1-148 丫丫针缝制步骤

（4）绕针类针法

① 绕针。针法的特点为线绕针，绕针又被称为缠针，即将绣线缠绕在针杆上，缠绕线圈的多与少完全依据图案的需要而决定，再根据图案的排列需要进行钉缝，形成各种各样的绕针针迹（图4-1-149）。

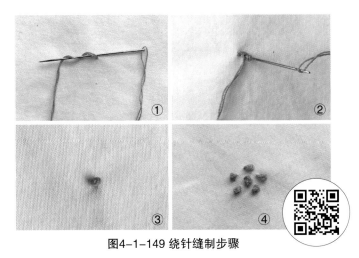

图4-1-149 绕针缝制步骤

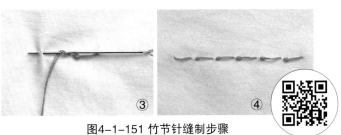

图4-1-151 竹节针缝制步骤

④ 撸花针。撸花针又称缠绕针，是以绕针为主的一种装饰针法，这种针法可以组合小型花朵、几何纹样。撸花针图案效果好，有立体感而且结实耐磨，因此常用在童装上进行装饰点缀（图4-1-152）。

② 打籽针。同绕针较为相似，均为小线结状线迹。打籽针是通过较简单的绕针针法，用打扣结的方式形成小圆籽状的图案（图4-1-150）。打籽针便于组织画面，随意性强，常用于花卉的花蕊部分。打籽针可以有规律地进行排列组合，也适合区域性的图案纹样。

打籽针和绕针在应用时均可用不同粗细的线缝制，产生不同的立体效果，还可在缝制时通过色彩的变化进行图案的混色设计。

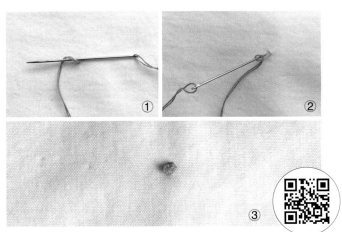

图4-1-150 打籽针缝制步骤

③ 竹节针。绕针的一种变形针法。由于变形后的图案很像竹子，故此得名。竹节针的基本针法为绕针，缝制时按照竹子的特征，用绣线绣出象形的竹节图案（图4-1-151）。

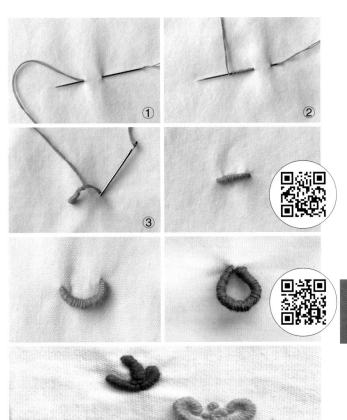

图4-1-152 撸花针缝制步骤

⑤ 蛛网针。蛛网针属于编织绣手针工艺技法，因形状似蜘蛛网而得名。缝绣时需先缝制"米"字形的骨架，然后再用线由中心开始进行套绕、盘绣。盘绣缝制时运用较粗的绣花线制作，效果会明显一些，盘绣的线要松紧适宜，紧密整齐。蛛网针线迹也具有花朵的造型，且结实耐用，具有较强的立体感，常常被用于女装、童装的图案中（图4-1-153）。

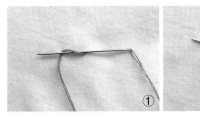

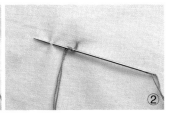

53

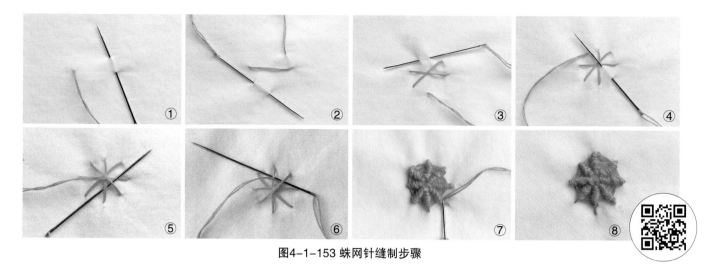

图4-1-153 蛛网针缝制步骤

3.彩绣作品及其在服装中的应用

（1）学生作品赏析

如图4-1-154~图4-1-165所示。

图4-1-154 纳绗针、柳针结合的彩绣作品

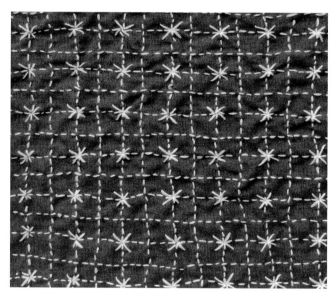

图4-1-155 用绗针、钉缝针法制作的彩绣作品

图4-1-156 乌眼针、绕针构成的彩绣作品

图4-1-157 打籽针配合纳绗针图案形成的彩绣作品

图4-1-158 倒回针、辫子股针、撸花针、水草针等针法结合的彩绣作品

图4-1-159 运用绗针缝绣的单线图案

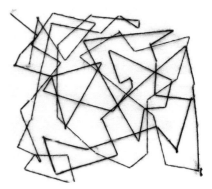

图4-1-160 在网格面料上运用点珠针进行线绣

图4-1-161 柳针、编织绣和钉缝结合的作品

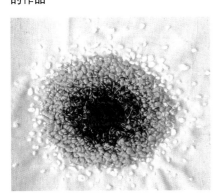

图4-1-162 运用打籽针变化线迹的色彩和疏密形成的彩绣

图4-1-163 运用辫子股针、纳绗针、倒回针等针法缝线的适合纹样

图4-1-164 纳绗针图案形成的面料肌理

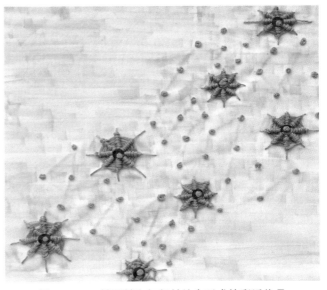

图4-1-165 蛛网针和打籽针结合形成的彩绣作品

（2）彩绣在服装中的应用

如图4-1-166~图4-1-170所示。

图4-1-166 传统彩绣的精致与现代彩绣的不拘一格

图4-1-168 彩绣在不同面料上的应用

图4-1-167 线材变化后的彩绣效果

图4-1-169 彩绣在服装不同部位及整体中的应用

图4-1-170 彩绣在不同风格服装中的运用

57

（二）珠绣

珠绣是一种传统的手工技艺，是运用彩色玻璃料珠和金属亮片等材料进行缀绣的工艺技法，绣品具有晶莹华丽、绚丽多彩的特点，珠子经光线折射后又有浮雕效果，深受人们喜爱，是现代高档时装常用的面料创意设计技法（图4-1-171）。

图4-1-171 珠绣及其在高档时装上的应用

1.珠绣材料和工具

（1）材料
各种规格和形状的珠子、亮片、纽扣、贝壳、人造宝石；服装面料；透明缝纫线、彩色绣线等（图4-1-172）。

图4-1-172 珠绣材料

（2）工具
手针、顶针、剪刀、绣框等（图4-1-173）。

图4-1-173 珠绣工具

2.珠绣基本针法

（1）散珠排列穿钉法

运用绗缝针法，自右向左行针，缝一针穿一粒珠，图案由单颗珠粒排列组合而成。缝钉时应注意珠与珠之间、行与行之间距离要相等。这种方法适用于小型粒珠的钉缀（图4-1-174）。

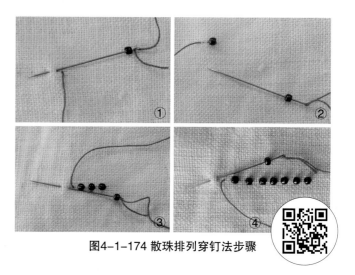

图4-1-174 散珠排列穿钉法步骤

散珠排列穿钉法也可用于管珠的绗缝排列，即以绗缝方法自右向左进行钉缀，钉一针穿一颗管珠，反复穿钉排列组合成各种图案（图4-1-175）。

此种方法缝钉速度快，但耐用性较差，钉缝珠粒的线一旦断开，钉缝的珠粒容易大量脱落，在钉缝时应选择结实耐用的缝线，以使其更为耐用。

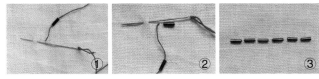

图4-1-175 散珠排列穿钉法（管珠的绗缝排列）步骤

（2）单颗回针钉珠法

运用倒回针从右至左缝钉。在第一针出针后穿一颗珠，倒一步进针，越过第一针的出针孔一步后出针，出针后再穿一颗珠，如此反复缝钉（图4-1-176）。

单颗回针钉珠法比散珠排列穿钉法的钉缝效果要牢固，但速度稍慢，此种钉珠法仅适用于小型粒珠的钉缀。

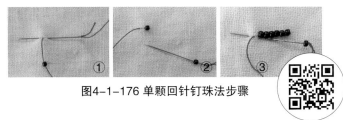

图4-1-176 单颗回针钉珠法步骤

（3）单颗粒珠双回针钉珠法

针对较大规格珠粒的钉缀，需运用双线线迹缝钉，以保证珠子钉缀牢固，不易转动。

单颗粒珠双回针钉珠法是在倒回针的基础上对大规格珠粒进行加固缝钉，由两次回针缝制而形成（图4-1-177）。

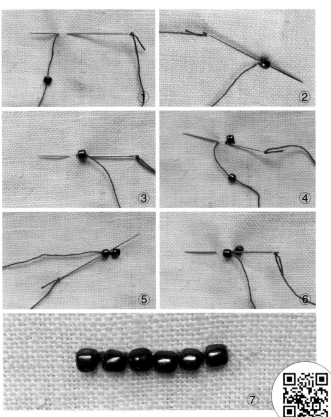

图4-1-177 单颗粒珠双回针钉珠法步骤

（4）散珠回针交错钉珠法

散珠回针交错钉珠法是在单颗回针钉珠法的基础上改变行针轨迹，在拉开珠子间距的同时使珠子的排列较随意，线迹交错在面料反面，运用这种方法可以缝绣服装中大面积需要钉缀珠粒的区域（图4-1-178）。

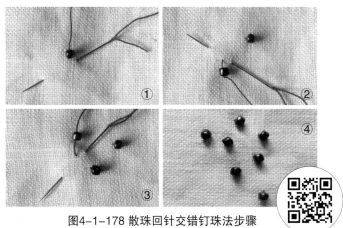

图4-1-178 散珠回针交错钉珠法步骤

（5）编串钉珠法

运用微型粒珠多个组合成一段进行缝钉或运用管珠进行缝钉。

先钉缝一针，将线带出底部，然后穿一定数量的粒珠或一段管珠，再钉缝一针，每钉缝一针后，均要穿一定数量的粒珠或一段管珠进行排列，组合成图案（图4-1-179、图4-1-180）。

编串钉珠法仅限于微型粒珠的钉缀，适合一次穿钉2~5颗，每次穿钉珠子的数量以钉缝后珠串牢固、稳定为宜。

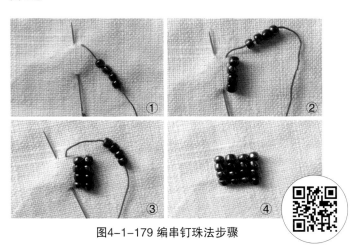

图4-1-179 编串钉珠法步骤

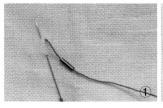
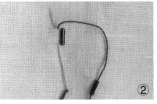

图4-1-180 编串钉珠法（管珠）步骤

（6）扣线钉珠法

先在面料上钉缝一针，将线带出底部，根据需要将一定数量的粒珠穿在线上，穿成一大串，再钉缝一针将线穿至面料反面，然后用钉线的方法将串珠固定在相应的位置上（图4-1-181）。

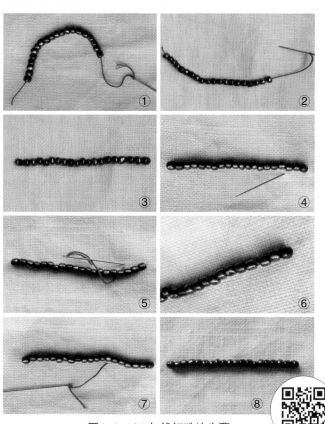

图4-1-181 扣线钉珠法步骤

（7）两边钉针法

使用倒回针自右向左缝钉。在每个亮片的两边各缝钉一针，连续走针固定亮片（图4-1-182）。

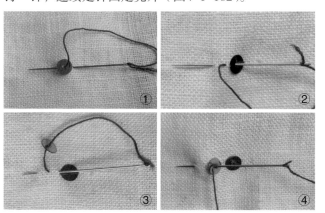

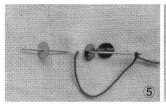

图4-1-182 两边钉针法步骤

（8）打结封钉亮片法

运用打籽针封盖亮片上的小孔，以固定亮片。这种方法适用于微孔亮片，且亮片不宜过大（图4-1-183）。

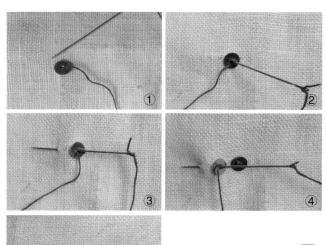

图4-1-183 打结封钉亮片法步骤

（9）钉珠封钉亮片法

用珠子取代打籽针的线结封盖在亮片的小孔上，以固定亮片。与打结封钉亮片相比装饰效果较好，且比较牢固，在服装中运用较多（图4-1-184）。

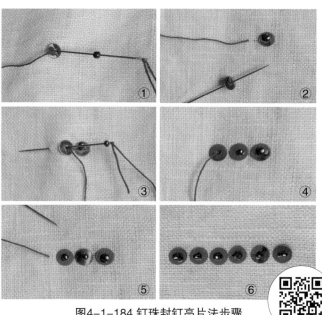

图4-1-184 钉珠封钉亮片法步骤

60

（10）回针连续盖钉亮片法

使用倒回针缝钉，只在亮片的一侧钉线，亮片重叠覆盖似鳞状图案。有露线和不露线两种缝法。

露线：用倒回针自右向左缝钉，缝线留在亮片的右侧，缝完后亮片中间会显露一条缝线。这种钉缝方法结实耐用，因缝线外露，亮片的光泽会受其影响，在应用时也可根据亮片的色泽搭配不同色彩和材质的缝线，以获得新的视觉效果（图4-1-185）。

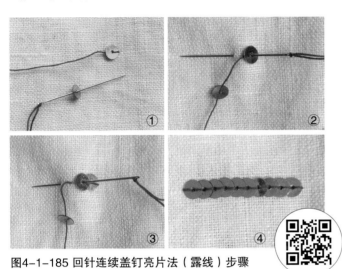

图4-1-185 回针连续盖钉亮片法（露线）步骤

不露线：用倒回针自右向左缝钉，缝线留在亮片的左侧，缝完后亮片上无缝线外露。这种方法能使亮片的光泽最大限度地展现出来，视觉观感较好，但耐用性不如露线缝法好（图4-1-186）。

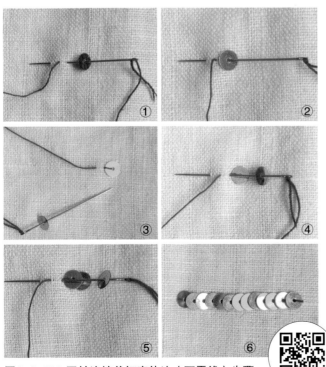

图4-1-186 回针连续盖钉亮片法（不露线）步骤

（11）单边双线钉亮片法

这种方法适合钉缀规格大、分量重的金属亮片，每孔走两次回针，以保证钉好的亮片比较牢固，重叠缝钉的亮片可将线迹盖住，较为美观（图4-1-187）。

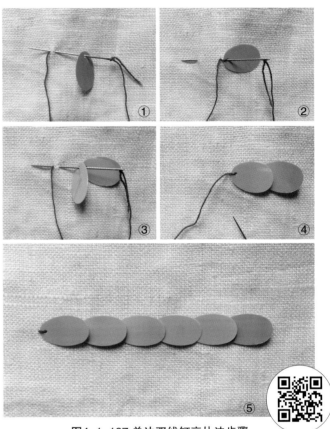

图4-1-187 单边双线钉亮片法步骤

61

（12）双孔亮片钉缀法

以回针为基本针法进行缝钉，因双孔亮片规格较大，故用双回针法加以固定。这种方法适用于散点钉缀大型亮片，属于区域性满地绣（图4-1-188）。

图4-1-188 双孔亮片钉缀法步骤

3. 珠绣作品及其在服装中的应用

（1）学生作品赏析

如图4-1-189~图4-1-200所示。

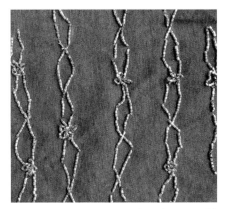

图4-1-189 运用扣线钉珠法在面料上缝钉的条形图案

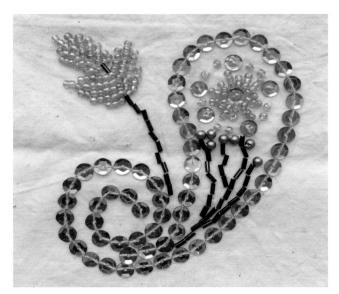

图4-1-190 运用两边钉针法、编串钉珠法、钉珠封钉亮片法等缝钉成的图案

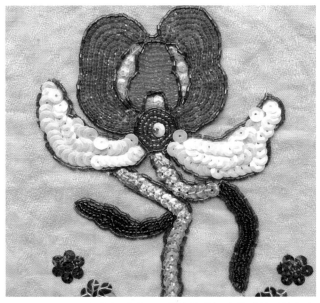

图4-1-191 运用扣线钉珠法、回针连续盖钉亮片法缝绣的图案

图4-1-192 在褶皱面料中运用两边钉针法嵌入亮片

图4-1-193 运用单颗粒珠双回针钉珠法缝绣的立体花图案

图4-1-194 运用回针连续盖钉亮片法缝绣的云纹图案

62

图4-1-195 运用散珠回针交错法随意缝钉珠子和亮片

图4-1-196 运用编串钉珠法、扣线钉珠法、两边钉针法缝钉的作品

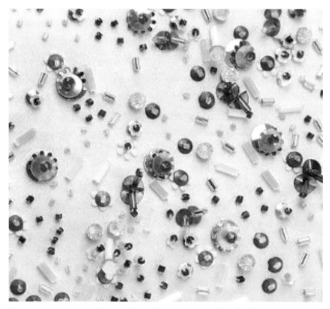

图4-1-197 运用散珠回针交错法、珠子封钉亮片法的随意钉缝

图4-1-198 根据图案造型运用两边钉针法缝入亮片

图4-1-199 运用单颗回针钉珠法、编串钉珠法、连续盖钉亮片法缝绣的作品

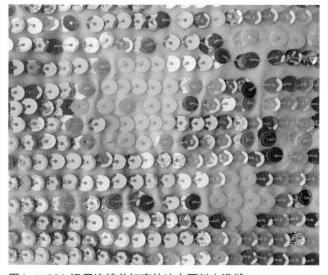

图4-1-200 运用连续盖钉亮片法在面料上满缝

（2）珠绣在服装中的应用

如图4-1-201~图4-1-205所示。

图4-1-201 珠绣在欧根纱、蕾丝、礼服缎、毛呢面料中的应用具有华丽精致感

图4-1-202 珠绣与立体花、线绣、印染、绗缝的结合应用，使服装表现出多种效果

图4-1-204 珠绣在男装中的应用增强了华丽感，使男装温和了许多

图4-1-203 珠绣在高定礼服及成衣中的应用各有特点

图4-1-205 珠绣在服装整体和局部中的应用光彩夺目，具有强烈的视觉吸引力

第四章 服装面料创意设计技法

（三）丝带绣

丝带绣起源于法国宫廷，是用各种宽窄不同、色彩丰富、质感细腻的缎带为原材料，在面料上用一些简单的针法进行刺绣的工艺。丝带绣图案以鲜花为主，绣品色彩绚丽，层次分明，立体感强，具有丝绸般的高贵与细腻。

丝带绣相比其他刺绣技法用时少，制作效率高，绣制时可运用宽窄不一的丝带、丝线与珠子等配合使用，适用于晚装、毛衣、童装等服装中（图4-1-206）。

图4-1-206 丝带绣及其在服装上的应用

1. 丝带绣材料和工具（图4-1-207）

（1）材料
质地较疏松的面料、各种宽窄不同的缎带、纱质丝带、缝纫线等。

（2）工具
大孔手针、绣绷、打火机、普通手针等。

图4-1-207 丝带绣的材料和工具

2. 丝带绣技法

丝带绣针法与线绣针法类似，但应注意针脚不能过于细小。因丝带不同于绣线，其较扁、较宽，因此在刺绣时针脚一般较大（0.8cm左右），有时会更大，否则绣品中的丝带就不会整齐美观。

制作丝带绣时首先应注意刺绣前的穿线、打线结的方法，还应注意刺绣结束后收尾的方法。

① 穿线。根据用量将丝带剪成适合的长度，将一端剪成斜角，用打火机烧一下边缘，以防止脱线。将斜角穿入针眼后拉出，针从斜角的中央穿过，让丝带斜角刚好卡在针孔处即可（图4-1-208）。

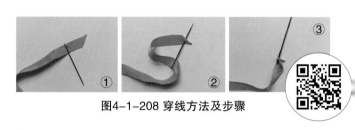

图4-1-208 穿线方法及步骤

② 打线结。在丝带尾部用火烧一下，针从尾部1cm处穿出形成一个小环，把结尾的丝带穿入环套中拉紧（图4-1-209）。

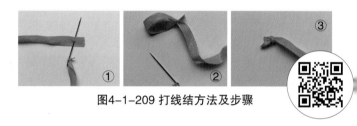

图4-1-209 打线结方法及步骤

③ 收尾。绣完后在绣布反面，让针钻过最后一个针迹，拉紧打结，留0.7cm剪掉，再用打火机轻烧一下即可（图4-1-210）。注意结头尽量要小，结头过大会影响丝带绣成品的外观效果。

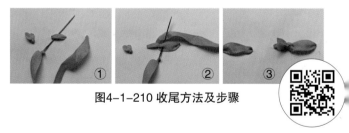

图4-1-210 收尾方法及步骤

（1）直针绣

直针绣是丝带绣中使用最多的一种基础针法，一出一入两针，入针时针从丝带中间穿过再穿到绣布背面（图4-1-211），收针后就会营造一种翻卷的效果，注意收针时不要拉得太紧。这种针法常用于刺绣花瓣和叶片。

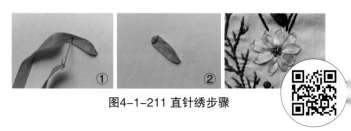

图4-1-211 直针绣步骤

（2）轮廓绣

针针相连，后一针约起于前一针的三分之一处，针眼藏在前一个针脚的下面，衔接自然（图4-1-212），同柳针的缝法。轮廓绣常用来刺绣植物枝条和叶筋图案纹饰的圈边以及坚挺的线条。

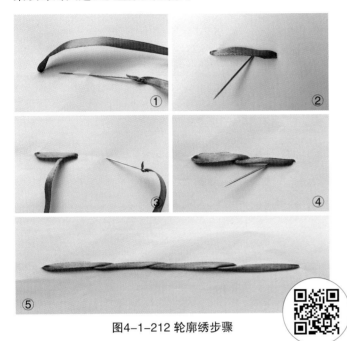

图4-1-212 轮廓绣步骤

（3）法国豆针绣

同绕针的缝法。针从绣布背面穿入，将丝带在针上缠绕两至三圈，在距离入针很近的地方把针刺入绣布，慢慢把丝带拉出来即可（图4-1-213）。豆针绣常用来刺绣点状图案和豆状浆果。

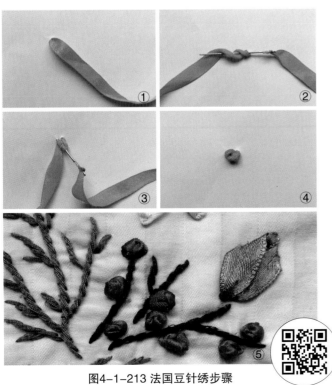

图4-1-213 法国豆针绣步骤

（4）折纹绣

手针带缝线穿出布面后，顺着丝带宽度的中心线，将丝带按所需长度缩缝成碎褶，调整平整后，线从布面的另一端穿入打结即可（图4-1-214）。常用来刺绣花环、花边等，多配合其他针法使用。

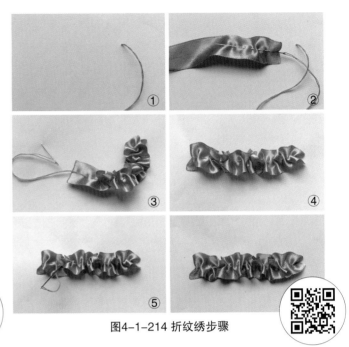

图4-1-214 折纹绣步骤

（5）羽毛绣

将针从布的背面穿出后，从右侧下针，不要拉紧，针从丝带中间偏下一点穿出，绕过第一针，穿出拉紧。再从左边穿下，绕过第三针，穿出拉紧，左右交替重复绣（图4-1-215）。羽毛绣常用来刺绣植物或塑造物体表面的肌理。

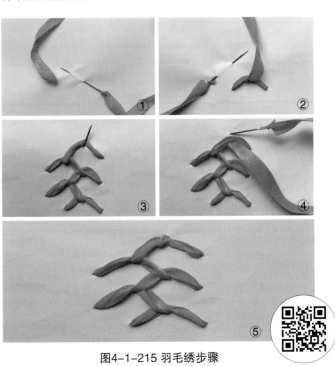

图4-1-215 羽毛绣步骤

（6）叶子针绣

先从叶子的顶部绣起，丝带的亮面朝上，丝带绣针法保持适当的斜度，左右循环下针，让丝带针脚成V字形（图4-1-216），这样绣出的叶子比较漂亮。

图4-1-216 叶子针绣步骤

（7）线形绣

出针后向右侧2~3cm处入针，缝一针长直针，再从右向左等间距的用上下走向的短针进行固定（图4-1-217）。可平行排列缝制形成线形密绣（图4-1-218）。线形绣常用来刺绣线条状的图案，线形密绣可用于花篮、竹筐的刺绣。

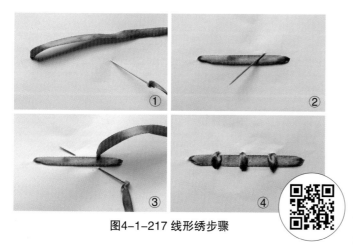

图4-1-217 线形绣步骤

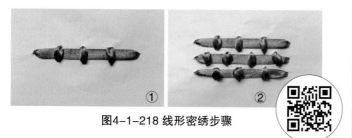

图4-1-218 线形密绣步骤

（8）锁链绣

同辫子股针的缝法，基本针法为打线套，刺绣时由右向左，线套不宜拉得过紧（图4-1-219）。

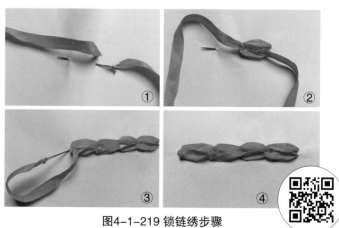

图4-1-219 锁链绣步骤

（9）叠合绣

由左向右，针从底部穿出，从右侧相邻处穿入，丝带不要拉紧，留一些松量在布面上，针从上一针的左侧穿出，穿过丝带，再从右侧相邻处穿入，重复刺绣（图4-1-220）。叠合绣可用于刺绣线状图案；也常常将多条叠合绣对齐缝制，平行排列在一起形成块面状，表现条纹状波浪起伏的肌理和光影的层次感。

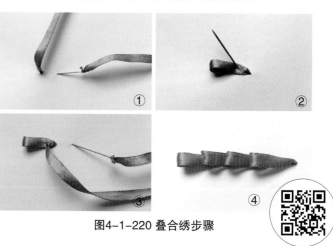

图4-1-220 叠合绣步骤

（10）菊叶绣

同乌眼针的缝法。在布面上绣一个较松的环后，从环内与下针相对的点出针，用最小的针脚将环固定起来（图4-1-221）。常用来刺绣叶子、花蕾及花瓣。

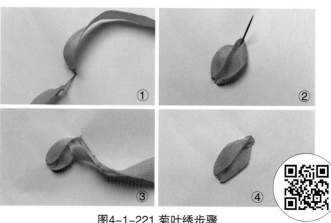

图4-1-221 菊叶绣步骤

（11）直角织纹绣

先将丝带纬向平行固定后，经向一上一下按照平纹组织规律进行编织刺绣，上下穿压而成提篮织纹的图案（图4-1-222）。

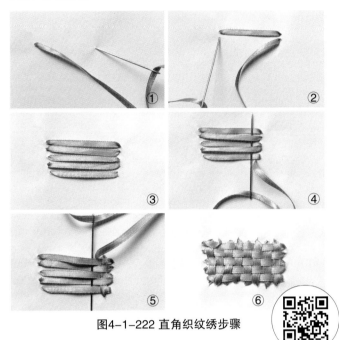

图4-1-222 直角织纹绣步骤

（12）折叠花瓣绣

手针带缝线穿出布面后，将丝带两边向内折叠成菱形状，用针线从上下对称轴处缩缝后固定于布面上，剪掉多余的丝带，用打火机轻烧边缘，最后用直针绣绣出花托即可（图4-1-223）。

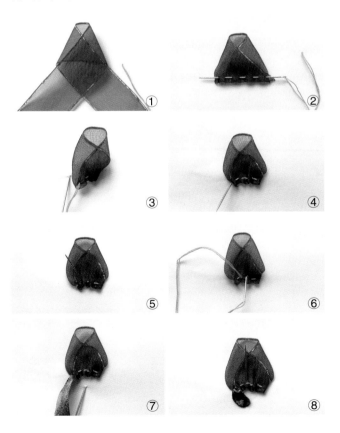

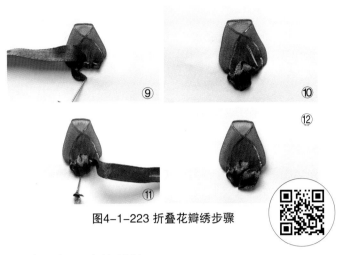

图4-1-223 折叠花瓣绣步骤

（13）立体花瓣绣

手针带缝线穿出布面后，顺着丝带的一个边缘进行缩缝，根据需要估计缩缝的长度，将缩缝的丝带用针线固定在出针处形成花芯，出针后继续缩缝一段丝带，盘绕在花芯周围进行固定，继续重复操作，将花盘绣至所需大小，剪短丝带用打火机烤完边后将丝带尾藏至花朵的下方并缝钉（图4-1-224）。

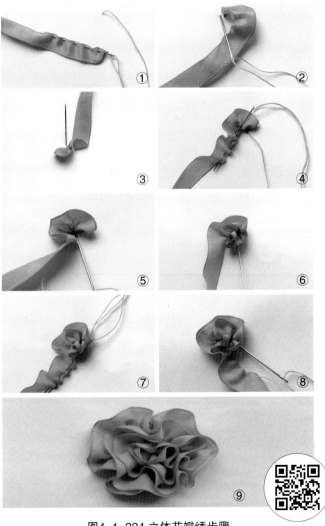

图4-1-224 立体花瓣绣步骤

（14）网状绣

在需要缝制的部位按照图案形状和面积大小将丝带倾斜缝制平行线，间距根据丝带宽窄和需要而定，缝完一个方向后，向反方向倾斜，继续在原缝制的丝带上层缝制平行线，缝完后依次在两层平行排列的丝带交叉点上用十字法进行固定（图4-1-225）。网状绣适合运用较窄的丝带缝制或运用其他较粗的绣线进行缝制。

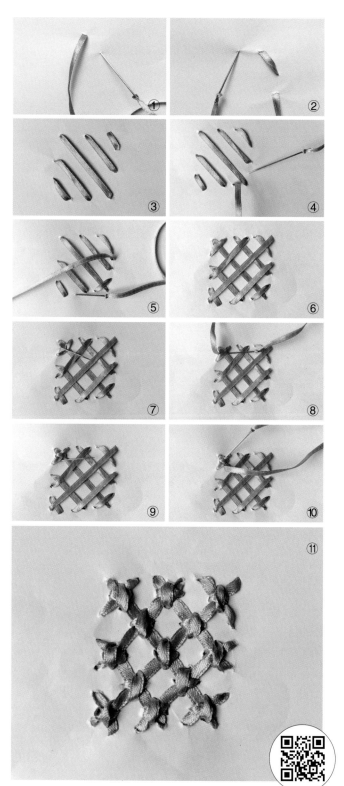

图4-1-225 网状绣步骤

（15）花叶绣

花叶绣是一种简单的花朵绣制方法，绣制时先确定好花朵的花芯部位，由花芯处出针后，再由距出针点约0.3cm处入针，留一段丝带在布面上形成双层的线圈状花瓣，继续完成其他花瓣的缝制即可。花叶绣制成的花朵立体感较强，花瓣不宜缝制过大，以防止使用时被异物勾起（图4-1-226）。

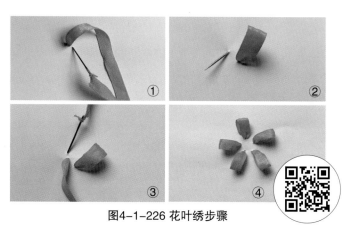

图4-1-226 花叶绣步骤

（16）多层玫瑰绣

制作时先运用丝带或较粗的缝纫线缝制五瓣花的骨架，完成后用缝丝带的针从花芯处出针，给丝带略加一些捻后按照一个方向从骨架的中心开始按照"压一挑一"的规律将骨架盘满，最后将丝带从结束处穿入后收尾。注意收尾的针脚要尽量隐蔽（图4-1-227）。

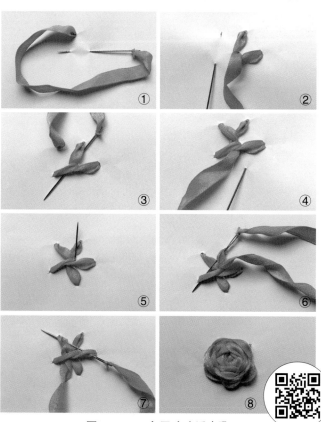

图4-1-227 多层玫瑰绣步骤

丝带绣注意事项：

① 在绣制丝带绣的程中要避免针法错误，绣布背面不宜相互直拉，以免造成丝带大量浪费，以致无法完成绣品。在绣制过程中最好掌握针从哪里入尽量从旁边出来的方法，这样可以节约丝带的用量。

② 丝带绣在绣制时最好保持丝带的自然松紧状态，丝带拉得太紧，容易使绣布起皱变形，丝带放得太松，容易被刮起丝，所以太紧或太松都会影响美观，缺乏灵气。

③ 刺绣时，注意缎带的正面与反面（光泽度好的为正面，无光泽的为反面），一般情况下都是正面朝上，除非设计者想要略显粗糙的哑光效果，否则体现不出丝带绣华丽的效果。

④ 在绣制丝带绣时不要一味地追求速度，动作太快或用力过大，都会造成花叶变形及底布发皱，所以在绣制时最好保持均匀用力。

3.丝带绣作品及其在服装中的应用

（1）学生作品赏析

如图4-1-228~图4-1-236所示。

图4-1-228 运用轮廓绣、直针绣、法国豆针绣的作品

图4-1-229 运用立体花瓣绣、折纹绣、叶子针绣结合的作品

图4-1-230 运用立体花瓣绣、叶子针绣、折叠花瓣绣的作品

图4-1-231 丝带绣与立体花结合的作品

图4-1-232 运用直针绣和珠片结合的作品

图4-1-233 运用立体花瓣绣、菊叶绣、直针绣等结合的作品

图4-1-234 运用直针绣、立体花瓣绣、法国豆针绣等结合的
作品

图4-1-235 叶子针绣与立体花和珠片结合的作品

图4-1-236 运用直角织纹绣与立体花结合的作品

（2）丝带绣在服装中的应用

如图4-1-237~图4-1-240所示。

图4-1-237 在纱质面料上应用丝带绣进行装饰，
虚实结合主次分明

图4-1-238 在毛呢材料中运用丝带绣与镂空结合，通过
材质对比突出丝带绣图案

图4-1-239 丝带绣在服装整体与局部中的应用，体现出华丽与精致

图4-1-240 丝带绣在服装中的应用立体感强，层次分
明，华丽、精致又不失女性的优雅

（四）布贴

布贴也被称为贴补绣，是刺绣的一种形式。最早是指在破损衣物上的缝补，是经巧手制出花样补在衣服上，即称为布贴。为了使服装耐磨，人们常用这种手法来加固服装，例如在童装的膝盖、袖口、袖肘等部位运用布贴手法进行贴补，具有很高的实用价值。

布贴材料易得，制作工艺比刺绣更为简便，且具有浅浮雕效果，给人以全新的视觉感受。布贴不仅实用还具有装饰美化的作用，作品清秀高雅、纯朴大方，深受人们喜爱（图4-1-241）。

1.布贴材料和工具

（1）材料

各种面料、缝纫线、绣花线、珠子及珠片等材料。

（2）工具

剪刀、手缝针、顶针、锥子等。

2.布贴工艺技法

布贴是利用各种面料或剩下的边角碎料，根据需要进行裁剪，在底布上按图案拼合，先暂时固定后再用针线进行缝绣将其固定，最后进行细部的加工和整饰定型。

图4-1-241 布贴及其在服装中的应用

3.布贴作品及其在服装中的应用

（1）学生作品赏析

如图4-1-242~图4-1-250所示。

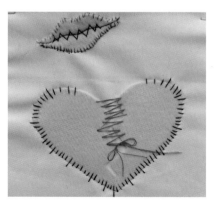

图4-1-242 布贴图案边缘的线迹体现出前卫感

图4-1-243 布贴上缝线位置的变化体现出荷叶的上下层叠之感

图4-1-244 巧妙的缝绣布贴图案具有光影效果

图4-1-245 布贴与彩绣结合体现出精致感

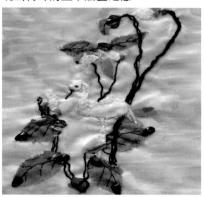

图4-1-246 按照叶脉缝绣布贴图案，形象巧妙

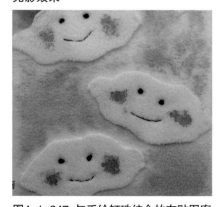

图4-1-247 与手绘钉珠结合的布贴图案

图4-1-248 布贴与彩绣的结合细致精美

图4-1-249 运用正负形贴绣左右图案，层次感强，有趣味性

图4-1-250 将手绘的方块用车缝方格线迹固定，层次感强

（2）布贴在服装中的应用

如图4-1-251~图4-1-253所示。

图4-1-251 布贴在系列礼服中的应用，随意的面料造型用金线饰边，缝绣在服装上尽显个性与华丽

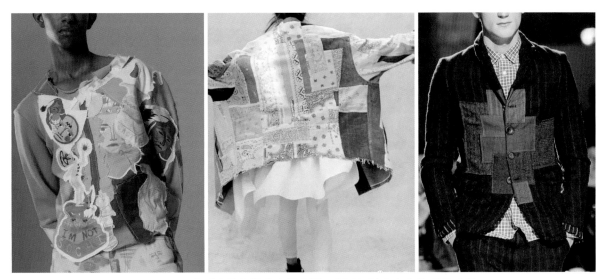

图4-1-252 布贴在休闲服装中的应用，舒适与随意之中体现着时尚

图4-1-253 布贴材料色彩和材质的变化使服装体现出不同的效果

三、钉挂缀

钉挂缀是通过缝、悬挂、吊等方法，在现有面料的表面添加不同的材料的增型设计技法。

钉挂缀的材料丰富，常用的有珠片、丝带、人造花，也有用绳条、蕾丝、缎带、羽毛、金属铆钉、铜泡、气眼等材料的。近年来，服装面料上的附加装饰越来越多样，在面料创意设计中塑造出了各种不同的视觉效果（图4-1-254）。

（一）盘花

盘花面料创意设计技法源于中式盘扣的制作方法，运用绳条、带子、丝带等线状材料，按照图案造型在面料上进行盘绕、固定。盘花技法使用的线状材料不同，即使图案相同，面料创意设计的效果也会体现出很大的差异。

盘花工艺要求图案由线条构成，线条一笔到底，具有"一笔画"的特点，制作时讲究线条流畅，曲线优美，钉缝巧妙，藏头收尾隐蔽。盘花工艺常用于各类服装的面料创意设计中，作品具有较强的浮雕感（图4-1-255~图4-1-260）。

图4-1-254 钉挂缀技法在服装中的应用

（1）学生作品赏析
如图4-1-255~图4-1-260所示。

图4-1-255 运用拉链制成的盘花作品

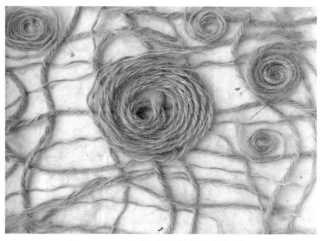

图4-1-256 运用麻绳制成的盘花作品

图4-1-257 麻绳盘制成的精美花朵

图4-1-258 运用带褶花边盘制成的面料

图4-1-259 将一撮线绳盘制在面料上形成的作品

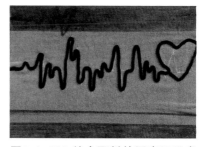

图4-1-260 结合面料的图案运用盘花制成的创意设计面料

（2）盘花在服装中的应用
如图4-1-261~图4-1-263所示。

图4-1-261 高级时装中运用皮条和丝绳盘花体现出古典与精致

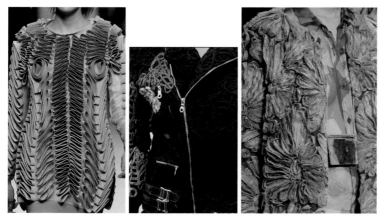

图4-1-262 休闲时装中运用各种不同材质的线绳盘花体现出个性与舒适感

图4-1-263 不同材质的线绳以各种方式在服装不同部位的应用

(二) 人造花

人造花是模仿自然花卉的形状，使用织物、丝带、缎带、羽毛、金银丝、彩珠等材料，通过一定的工艺技巧制作出花卉造型的艺术创作。其表现方法多样，可根据用途制成仿真性较强的写实花卉，也可对自然花卉的造型进行夸张变形，制作出抽象化的艺术花卉（图4-1-264）。

服装面料创意设计中，人造花装饰通过多层次或复杂的空间结构，使服装呈现出立体、富于变化的外观效果，在服装中起着装饰点缀的作用。常用于女性的礼服、婚纱、外套、连衣裙、西服套装等，另外，女童服装中也经常运用人造花进行装饰，以增强服装的美感。

图4-1-264 写实、夸张、抽象化的人造花及在服装中的应用

1.人造花材料和工具

（1）材料
面料、丝带、缎带、缝纫线、珠子、绣花线、黏合剂等。

（2）工具
剪刀、手缝针、胶枪、胶棒、顶针、熨斗、锥子、直尺等（图4-1-265）。

图4-1-265 人造花用胶枪与胶棒

2.人造花制作

（1）丝带花

将丝带、缎带等现有材料运用简单的抽缩、折叠、缝制等方法进行加工，使之形成不同造型的立体花。

款式一：翻卷法玫瑰花制作

取一条缎带，先从缎带的一端开始，从上往下折一个角，按照折角下方的丝带宽度方向，向右对折成双层后，再从左往右卷形成花芯，用穿了线的针缝制固定花芯，不断针线。以花芯为中心点，将花芯上方带有三角形的部位向外侧翻卷，同时将花芯部分向右卷，继续用针线缝钉，再将花芯上方形成的三角形部位向外侧翻卷，同时将花芯部分向右卷，继续用针线缝钉，重复翻卷和缝钉，直至缝至适合的大小，剪掉丝带后将丝带末端用针线固定，藏于花朵下方，丝带玫瑰花制作完成（图4-1-266）。这种花适合使用宽约2.5cm的缎带制作。

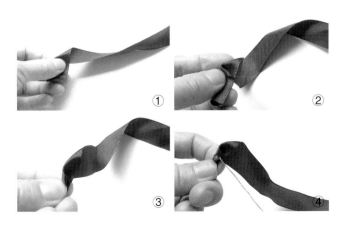

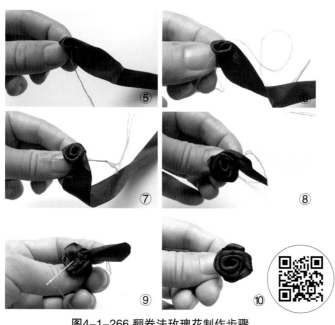

图4-1-266 翻卷法玫瑰花制作步骤

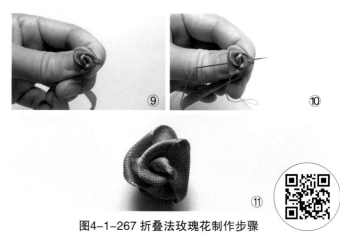

图4-1-267 折叠法玫瑰花制作步骤

款式二：折叠法玫瑰花制作

适合使用宽约1cm的丝带制作，取长度约20cm的一段丝带，在中间部位将左端向下折叠，形成直角造型，再将右端丝带按照丝带重叠处的边线向左折叠，参考丝带重叠处的下沿将下方丝带向上折叠，依此将丝带折叠完成后，左手轻捏丝带尾端重叠处，右手在重叠处将丝带向上推，这样一朵小小的玫瑰花便形成了。最后可以用针线在底部进行缝制固定，以防止其散开，剪掉多余的丝带，用火轻烧即可（图4-1-267）。

款式三：三瓣花苞的制作

适合使用宽约2.5cm的缎带制作，在距丝带左端约8cm处将丝带向右下方折叠，使丝带重叠处形成一个等边三角形，再将右端的丝带向后弯曲向左下方折叠，使之重叠于左端丝带的上方，在重叠处用珠针固定，运用绗缝针法沿重叠处的对角线和折叠图形的边缘缝制一圈，缝完后抽紧缝线，整理花苞使之形成一个圆球形，制作完成（图4-1-268）。

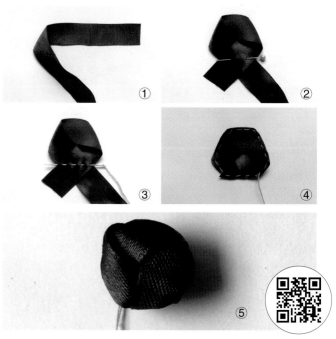

图4-1-268 三瓣花苞的制作步骤

款式四：四瓣花苞的制作

同样适合使用宽约2.5cm的缎带制作，在距丝带左端约5cm处将丝带向下方折叠，使丝带形成一个直角造型，再将右端的丝带向后弯曲向下折叠，使左右两端丝带并齐，继续用右端丝带向后弯曲向左折叠，使之重叠于左端丝带的上方，在重叠处用珠针固定，再运用绗缝针法沿重叠处的对角线和折叠图形的边缘缝制

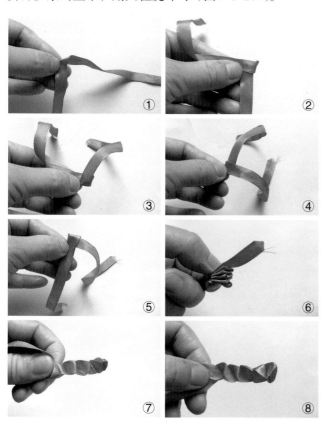

一圈，缝完后抽紧缝线，整理花苞使之形成一个圆球形，四瓣花苞便形成了（图4-1-269）。

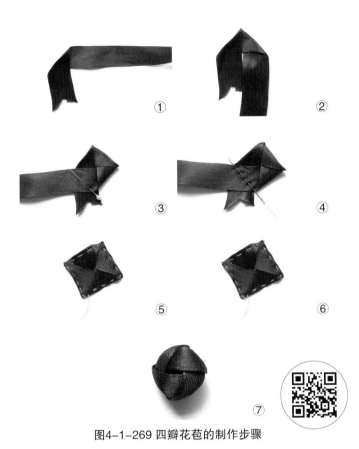

①　②　③　④　⑤　⑥

⑦

图4-1-269 四瓣花苞的制作步骤

款式五：五瓣花朵的制作

运用较宽的缎带制作，按照五边形的边线将缎带右端依次向后翻折，用珠针固定，将缎带折叠成闭合的五边形，使右端重叠于左端之上，再运用绗缝针法沿重叠处的对角线和五边形的边缘缝制一圈，缝完后抽紧缝线，用缎带制作的五瓣花朵便形成了（图4-1-270）。

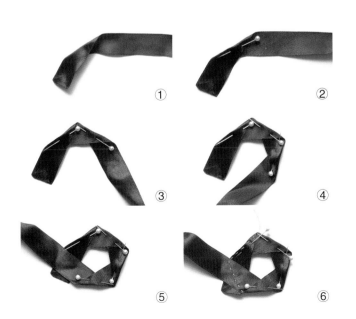

①　②　③　④　⑤　⑥

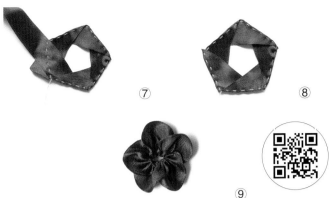

⑦　⑧

⑨

图4-1-270 五瓣花朵的制作步骤

款式六：小梅花的制作

适合使用较宽的缎带制作，取一条缎带，以缎带的宽度为半圆的半径，由右向左运用绗缝针法在缎带上缝制半圆形，缝制完五个后，不断线，剪掉多余的缎带，用火轻烧，然后抽紧缝线，进行调整，五个花瓣形成一串后，用针线将头和尾连接起来并抽紧缝线，形成一个闭合的圈，丝带小梅花的制作完成（图4-1-271）。

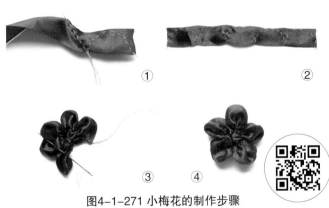

①　②　③　④

图4-1-271 小梅花的制作步骤

款式七：双层丝带花的制作

适合使用较宽的缎带制作，取一条缎带，由右向左运用绗缝针法在缎带上缝制正反相连的梯形图案，缝制一定数量后，不断线，剪掉多余的缎带，用火轻烧，然后抽紧缝线，进行调整，使花瓣位于缝线的上下两边，完成一串，然后用针线将头和尾连接起来抽紧缝线，形成一个闭合的圈，继续调整，将上层花瓣向下翻折，整理好造型，双层丝带花就形成了（图4-1-272）。

①

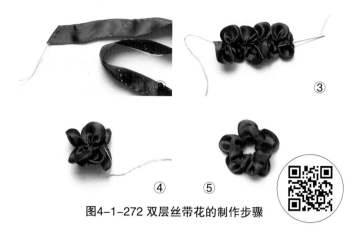

③

④   ⑤

图4-1-272 双层丝带花的制作步骤

（2）布艺花

准备五块正方形的布块。取其中一块，对折形成一个长方形，再将其对折形成一个正方形，在有毛边的两个直角边沿运用绗针缝制后抽紧线绳，这时一个花瓣已经形成，用同样的方法继续制作其他五个花瓣，边制作边用针线穿连，将五个花瓣用缝线连成一个圈，缝线稍拉紧一些，桃花就完成了（图4-1-273）。

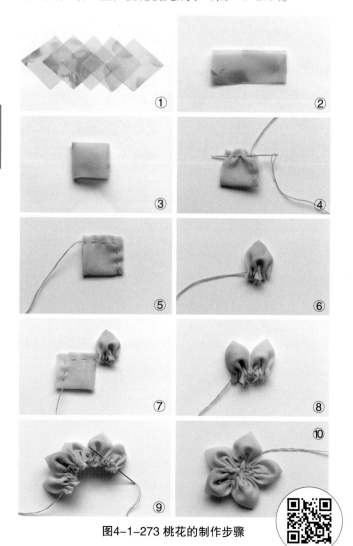

①   ②

③   ④

⑤   ⑥

⑦   ⑧

⑨   ⑩

图4-1-273 桃花的制作步骤

准备五块圆形的布块。取其中一块对折，形成一个半圆形，在圆弧形的边缘运用绗针缝制后抽紧线绳，形成一个花瓣，用同样的方法继续制作其他四个花瓣，边制作边用针线穿连，将五个花瓣形成一个圈，稍拉紧一点，布艺梅花便完成了（图4-1-274）。

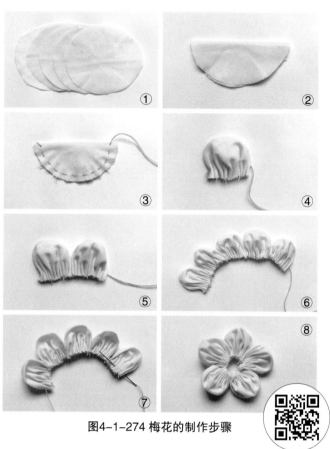

①   ②

③   ④

⑤   ⑥

⑦   ⑧

图4-1-274 梅花的制作步骤

准备五块正方形的布块。取其中一块，斜角对折，形成一个三角形，再将三角形的左右两角往下折，形成菱形方块。翻至反面后，以下方的角为圆心将左右两角分别折向左右对称轴，黏上胶后再将其对折、翻到正面，形成一个花瓣，继续制作其他四个花瓣。把花瓣下面的尖角剪掉一些，将五个花瓣用针线穿连成圈，稍拉紧一点，樱花便形成了（图4-1-275）。

①   ②

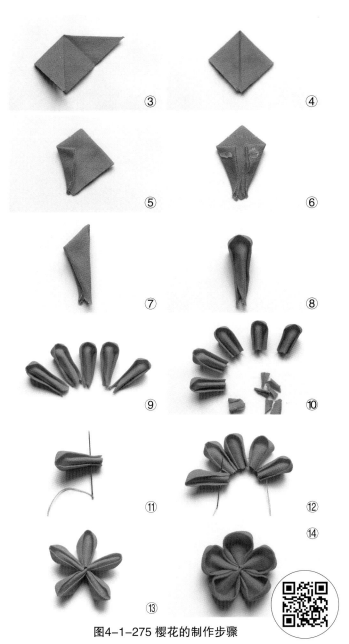

图4-1-276 菊花的制作步骤

（3）其他材料制花

准备棉绳两根，取其中一根按照花瓣的大小弯曲后用针穿连固定，穿成圆环后抽紧缝线，这样花朵便形成了，花芯的制作可以用另一根线绳盘成圆盘后将线头藏于圆盘下方并用针线固定。最后，将花芯与花朵组合缝钉，完成（图4-1-277）。可运用丝带、棉绳等材料制作人造花。

图4-1-275 樱花的制作步骤

款式四：菊花的制作

选用不脱线的面料裁成长条形，宽度视花的大小和立体效果而定，将剪裁好的布沿长度方向对折，用剪刀沿折边处剪成细条后，由一边向另一边卷过去，边缘对齐后用针线固定底边，菊花制作完成（图4-1-276）。

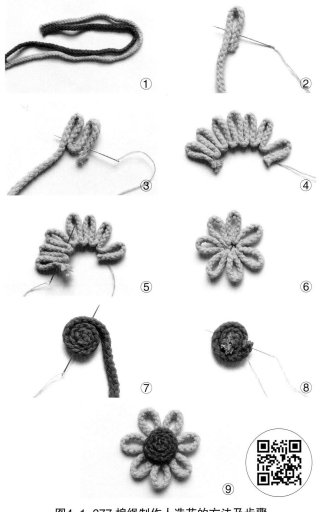

图4-1-277 棉绳制作人造花的方法及步骤

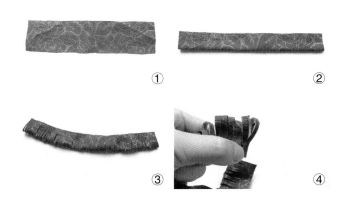

（4）花芯制作

可运用现成的花蕊、彩钻、纽扣、珠子等材料制作花芯，也可以将丝带、线绳等材料制作的小花朵或花苞用作花芯，还可以用布包裹丝棉、珠子和纽扣制作花芯（图4-1-278~图4-1-280）。

图4-1-278 运用现成的花蕊、珠子和纽扣等制作的花芯

图4-1-279 运用做成的小花朵或花苞制作的花芯

图4-1-280 运用布包裹丝棉或纽扣等材料制作的花芯

（5）花叶制作

人造花的花叶可根据需要对服装进行装饰和美化。花叶的制作方法较简单，常常用丝带、缎带、服装面料等材料制作。

花叶的制作比较灵活，可以运用制作花的方法做花叶（图4-1-281），也可以用较简单的方法做花叶（图4-1-282~图4-1-284），同样，制作花叶的方法也可以制作花朵（图4-1-285）。

图4-1-281 运用制作桃花花瓣的方法制作花叶

① 花叶制作方法一。选用一条宽约3cm的缎带，在距一端长度大约5cm的位置将其折叠成直角形，再将两个直角边对折重叠在一起，用针线在距顶点约一个花瓣长的位置缝平针后抽紧，剪掉多余的丝带后用火烧剪口即可（图4-1-282）。图4-1-283为用花叶制作方法制成的花朵。

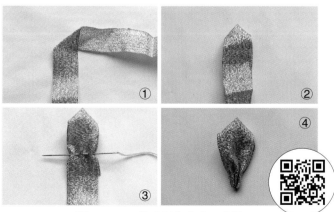

图4-1-282 花叶制作方法一步骤

图4-1-283 运用花叶制作方法一制作的花朵

② 花叶制作方法二。选用一条宽约3cm的缎带，剪一段长约10cm的缎带，将其对折后在对折处按第二步的虚线剪掉三角形部分，用镊子夹好刚剪开的边缘用火烧，使对折的两层缎带黏在一起，再用剪刀反方向倾斜减去另一边，用火分别轻烧两边后将丝带打开，按照剪开的边缘用平针缩缝后抽紧，头和尾缝制闭合后翻至反面，将叶子中间的缝隙缝合，再翻至正面，叶子的制作即完成了（图4-1-284）。

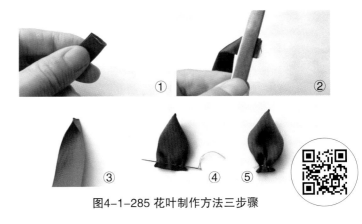

图4-1-285 花叶制作方法三步骤

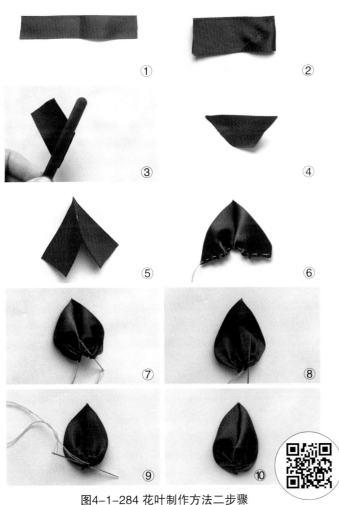

图4-1-284 花叶制作方法二步骤

3.人造花作品及其在服装中的应用

（1）学生作品赏析

如图4-1-286~图4-1-297所示。

图4-1-286 立体感较强的小梅花体现严谨含蓄之感

图4-1-287 运用纱质材料层叠制成的花朵奔放、活力四射

③ 花叶制作方法三。选用1条宽约3cm的缎带，拿起一端沿宽度方向对折，用镊子夹紧对折的边缘，用火烧使之左右两边黏在一起，打开丝带使正面朝上，按照叶子大小确定长短后剪掉多余的丝带，用火轻烧边缘，再用平针缝制抽紧，这样一片叶子便完成了（图4-1-285）。

图4-1-288 人造花结合烧制的效果，体现时髦感

图4-1-289 运用面料缩褶堆积成抽象的人造花，有夸张和厚重之感

图4-1-290 人造花配合手绘疏密渐变的排列主次分明

图4-1-291 运用花片组合缝制成人造花，珠子和蓝色花片的点缀使其层次感增强

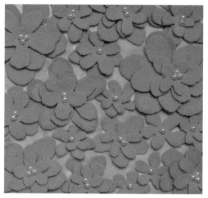

图4-1-292 大小、上下层叠的花片体现出较强的层次感

图4-1-293 运用简化的人造花堆积体现出华丽的效果

图4-1-294 多种手法制成的人造花堆积在一起丰富了整体效果

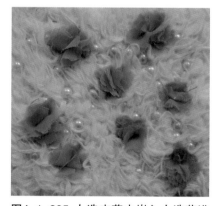

图4-1-295 人造皮草中嵌入人造花进行面料创意设计的作品

图4-1-296 运用大小变化的花片构成错落有致的效果

图4-1-297 运用撕毛边的布料制成抽象的人造花堆积效果

（2）人造花在服装中的应用

如图4-1-298~图4-1-301所示。

图4-1-298 人造花在服装整体中应用的各种效果

图4-1-299 人造花在服装不同部位的应用效果

图4-1-300 人造花在男女服装整体中应用的效果

图4-1-301 硬制透明线、珠片及透明塑料片等特殊材质制成的人造花在服装中的应用虚实结合，更加新颖有变化

四、增型设计的其他技法

服装面料创意设计的增型设计技法除常用的印染、刺绣外，还有烫贴、烫金等方法。

（一）烫贴

烫贴即通过热熔设备将具有热熔胶的材料黏烫在服装面料上，形成装饰性的图案。在制作时把带胶材料与织物重叠并通过熨斗熨烫加热，使热熔胶熔融并与织物发生黏合，从而把固体材料按设计图案的要求固定在服装上。服装上常常通过烫贴绣片图案、亮钻等增强服装的装饰性，这种方法简便易操作、省时效率高，在各类成衣中经常使用（图4-1-302）。

图4-1-302 烫贴图案及其应用效果

（二）烫金

烫金亦作烫印，是一种印刷装饰工艺，烫金工艺是利用热压转移的原理，将金属印版加热、施箔，在印刷品上压印出金色文字或图案。

随着科技的迅猛发展，布料烫金工艺也日趋成熟，面料烫金后的图案清晰、美观，色彩鲜艳夺目，可以起到画龙点睛、突出设计主题的作用。因其烫金后布料的整体效果雍容华贵且新潮，这种技术已越来越多地被追逐时尚的人士所喜爱。常常被用于各类时装、表演装、童装等（图4-1-303）。

图4-1-303 烫金图案及其在服装中的应用效果

第二节 服装面料创意设计的减型设计技法

服装面料创意设计的减型设计是按设计构思对现有的服装面料进行破坏处理，形成错落有致、亦实亦虚的效果。如抽纱、镂空、剪切、烧花、烂花、磨白、做破做旧等。面料创意设计的减型设计是近几年在时装中流行的一种面料创意设计手法，常常被追求个性的年轻人所喜爱（图4-2-1）。

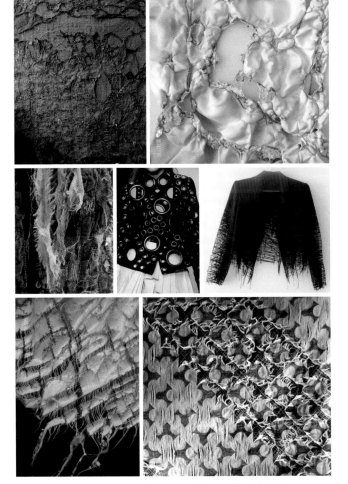

图4-2-1 面料创意设计的减型设计及其应用

一、抽纱

抽纱是通过破坏面料的基本结构，大胆地打破完整、单一、平面、洁净的面料概念，用锥子等工具将机织物的经纱或纬纱抽去，形成局部呈现只有纬纱或经纱的"洞"，面料富有层次，呈现虚实相间、空透、灵秀的效果。

具体方法是在服装面料内部进行抽纱处理，形成条纹或格子的效果；在服装面料边缘部分进行抽纱处理，形成猫须的效果（图4-2-2）。设计师常常通过这种手法来表达设计中的一些反传统服装的观念。

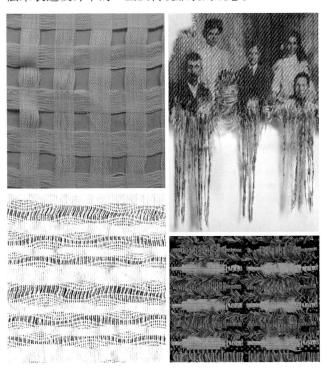

图4-2-2 服装面料内部及边缘部分抽纱的效果

在服装面料上抽纱时，首先要根据现有面料及服装进行构思、设计抽纱图案和预计效果，并在面料上确定抽纱部位，标记出抽纱位置及面积大小。其次，在标记好的部位进行经、纬纱的取舍与整合。最后再对抽纱完成的服装面料进行整理和装饰。

二、镂空

镂空借鉴剪纸，通过使用切、剪、激光、腐蚀等方法在面料表面制造孔洞，营造出通、透、空的装饰效果（图4-2-3）。这种对面料的处理方法多用于夏季服装和各种类别的时装之中，能打破面料整体的沉闷感，产生更丰富的层次。可用于服装整体镂空与局部镂空，产生极具装饰性的效果。在皮革、TPU等非织造织物上运用效果较好，如果追求不羁、飘逸的面料创意设计效果，可以在平纹、斜纹等梭织织物上运用镂空。

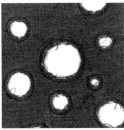

图4-2-3 不同材质服装面料中的镂空效果

三、剪切

剪切即在面料上按设计效果用剪刀或刀片将面料剪开或切割开，形成虚实相间的形态。剪切适用于纬编针织面料、皮革、非织造布等不脱线的面料创意设计中，常常能表现出整齐的效果，营造精致感。在机织面料中应用时往往将剪切处做成猫须状，以体现街头时尚感，也可结合锁绣或根据材料的性能运用热熔切割进行收边，塑造严谨精致的效果（图4-2-4）。

图4-2-4 服装创意设计面料中的剪切效果

四、烧

烧是指利用打火机、烟头、火柴等的火苗在面料上烧出大小、形状各异的孔洞，被烧形状的周围会根据面料性质的不同而留下各种燃烧痕迹，形成独特的视觉效果。烧的工艺方法实施简单，自主意识较强，存在较大的偶然性和随意性，是一种与传统工艺相背离的表现手法，用此种方法制成的面料具有原始、粗犷的表现力（图4-2-5）。世界知名服装品牌贾尔斯（Giles）和莫斯奇诺（Moschino）成功地将烧运用在高级时装中（图4-2-6、图4-2-7）。

进行面料创意设计时，首先需要根据预期效果选用材质适合的面料，面料材质不同，烧后面貌也不同：天然材质面料烧后边缘部位不整齐，有深浅不一的烧焦、烧黄的颜色，边缘平整不收缩无硬棱；化学纤维面料烧后边缘部位整齐，颜色深浅一致，边缘有收缩效果，有硬棱。在正式操作之前，要先测试面料烧后外观效果及面料性能的变化，以符合设计的完美效果。

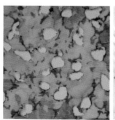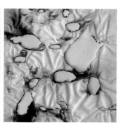

图4-2-5 不同材质面料烧后的效果

图4-2-6 贾尔斯高级时装中烧的应用

图4-2-7 莫斯奇诺高级时装中烧的应用

五、撕扯

即运用剪刀、刀片等工具，在完整的面料上经撕扯、劈凿、损毁等人为手法，使面料残缺，产生各种不规则破损形态。此种面料创意设计的方法简单、自主、随意性较强，设计作品具有现代时尚感、我行我素，极具个性表现力，营造出一种粗犷不羁的视觉效果（图4-2-8）。日本设计师川久保玲非常规的"破烂式设计"闻名于国际时装界（图4-2-9）。

撕扯在制作时，首先按撕扯效果在面料或成衣上确定位置，然后利用所需工具进行剪、挑或撕等操作，最后进行图案形状以及肌理效果的整理，直到达到设计的效果。

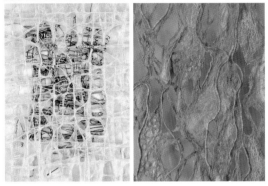

图4-2-8 不同材质面料经撕扯整理后形成的效果

六、做旧

做旧是改变纺织面料的物理性能，通过水洗、砂洗、打磨、化学腐蚀等方法使服装面料产生掉色、磨损、由新变旧的工艺方法。分为手工做旧、机器做旧、整体做旧和局部做旧。通过做旧设计使服装面料呈现出一种自然、柔和的外观效果（图4-2-10）。

面料做旧的方法繁多，无固定模式，操作简单。用于做旧处理的材料主要有砂石、砂纸、钢刷、漂白剂、84消毒液等。选用的服装面料不同、做旧处理的材料不同，操作方法也会不同，在进行面料做旧处理时要把握好力度，控制好操作时间，调配好染料以及试剂的配比比例等。

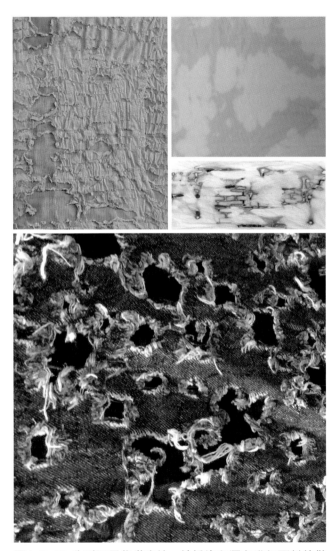

图4-2-10 分别运用化学腐蚀、铁锈染和漂白进行面料的做旧处理

图4-2-9 川久保玲的破烂式设计的时装

第四章 服装面料创意设计技法

七、服装面料创意设计的减型设计作品及其在服装中的应用

（1）学生作品赏析

如图4-2-11~图4-2-19所示。

图4-2-11 运用镂空、抽纱的方式进行面料创意设计

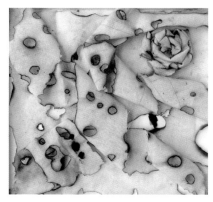

图4-2-12 运用烧的方式进行面料处理

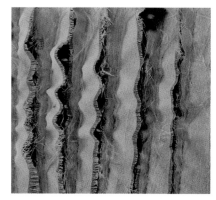

图4-2-13 运用剪切、抽纱与层叠方式结合的作品

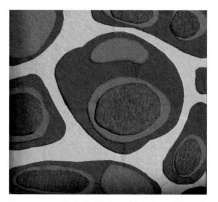

图4-2-14 将多色镂空面料进行层叠设计

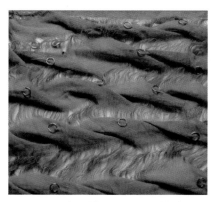

图4-2-15 在褶皱面料上进行抽纱，虚实有致，层次分明

图4-2-16 在PU革上进行镂空设计

图4-2-17 剪切面料中穿入线绳形成编织效果，层次感强

图4-2-18 钉缝人造花的面料巧妙运用烧进行处理，光影感强

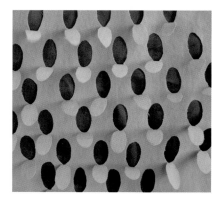

图4-2-19 运用衬垫方式突出剪切效果，增强层次性

（2）面料创意设计的减型设计在服装中的应用

如图4-2-20~图4-2-23所示。

图4-2-20 面料创意设计的减型设计在礼服中的应用使其通透、层次感强、更显年轻化

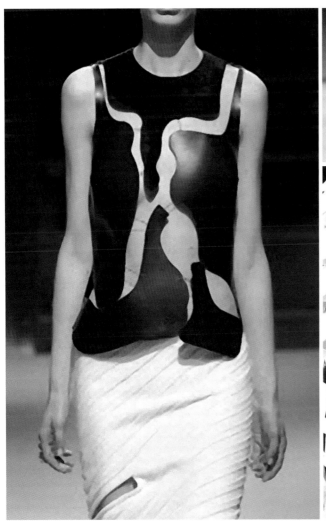

图4-2-21 面料创意设计的减型设计在时装中的应用使其具有张扬个性的特点

图4-2-22 休闲装中应用面料减型设计，前卫、具有街头时尚感

图4-2-23 皮革、针织、毛毡等不同材质面料中应用减型设计

第三节 服装面料创意设计的立体设计技法

服装面料创意设计的立体设计是指通过堆积、抽褶、层叠、凹凸、缝压等手法使面料具有立体感、浮雕感，形成丰富的肌理效果，具有强烈的触摸感觉。立体化是面料创意设计的发展趋势之一，近几年来在高级时装中普遍应用且在成衣中也越来越多地被应用（图4-3-1）。

图4-3-1 面料创意设计的立体设计及其在服装中的应用

一、绗缝

绗缝是用长针缝制有夹层的纺织物，即将面料、絮料和里料三者通过缝制使其固定，缉缝线迹的地方凹陷，无线迹的地方突起，绗缝面料具有浮雕般的立体外观，同时具有保温和装饰的双重功能（图4-3-2）。绗缝有机械绗缝和手工绗缝二种方法。

目前，薄面棉服的图案处理多采用绗缝，展现服装面料凹凸不平的立体效果，得到了广大消费者的喜爱。法国设计师香奈儿（Chanel）将绗缝工艺运用在自己设计的经典手袋中，绗缝面料已成为香奈儿手包的标志，至今仍畅销不衰（图4-3-3）。

图4-3-2 绗缝面料

1.绗缝材料和工具

（1）材料
里料、絮料，面料、缝纫线、绣花线、珠子等。
（2）工具
手针、剪刀、珠针、画粉、水消笔、直尺等。

2.绗缝技法

在准备好绗缝用材料后，先将里料、絮料、面料按由下至上的次序重叠铺好，用珠针或手缝大针脚临时固定，再画出需要缝制的图案，选择机缝或手缝缝制即可，最后可以根据图案再添加其他装饰。

制作时尽可能选择薄、软、带有弹性的面料，以保证作品表面有较好的浮雕感，可根据完成后的绗缝面料表面立体效果的强弱控制缝制时絮料的用量。绗缝图案决定着作品的最终效果，图案的设计不宜复杂，在机缝的情况下，绗缝图案的设计最好是一笔构成式的，以保证缝制的连贯性，缝制图案的线材和色彩可以与面料本身保持一致，也可以形成对比，这也是影响绗缝效果的因素之一。

图4-3-3 香奈儿手袋中绗缝的应用

3.绗缝作品及其在服装中的应用

（1）学生作品赏析

如图4-3-4~图4-3-6所示。

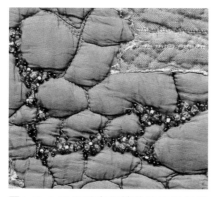
图4-3-4 运用随意缉缝的线迹进行绗缝，结合布贴、钉珠丰富了整体效果

图4-3-5 将绗缝与珠绣结合进行面料创意设计

图4-3-6 通过几何图案表现绗缝效果

（2）绗缝在服装中的应用

如图4-3-7~图4-3-9所示。

图4-3-7 绗缝在各类时装中的应用展现了面料的肌理感和华丽感，同时又具有造型作用和保暖效果

图4-3-8 绗缝在服装不同部位的应用效果

图4-3-9 香奈儿品牌高级时装中的创意绗缝

二、填充

服装面料创意设计的填充法也称为加棉填充，是为了增加图案的立体效果或服装的体积感，选择性地在服装的某一部位填充絮料，从而突出填充部位的立体感。填充法常用于童装、创意服装或具有趣味性的服装中（图4-3-10）。

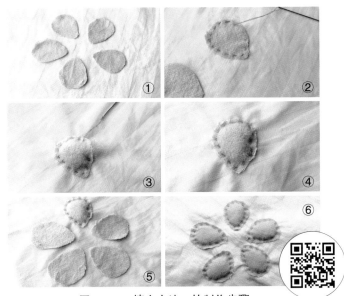

图4-3-11 填充方法一的制作步骤

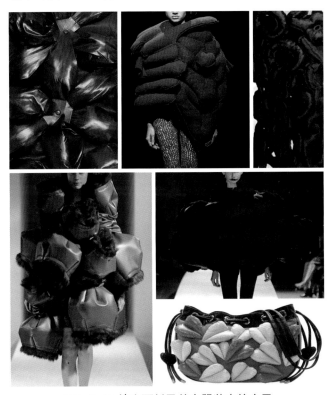

图4-3-10 填充面料及其在服装中的应用

1.填充材料和工具

（1）材料
面料、絮料、里料、缝纫线或绣花线等。
（2）工具
手针、夹子、珠针、画粉、水消笔等。

2.填充技法

服装面料创意设计中的填充技法常用的有两种。

（1）填充方法一

先根据填充部位的形态和面积准备布。将布料放在特定的部位铺平后，按照图案的轮廓进行缝制，将图案中的每个块面当作单独的个体，分别依次缝制。每个块面缝制不闭合轮廓，留有较小的开口。从开口处装入絮料后，继续缝制封闭开口，其他块面做法一样。

这种填充方法适合缝制图案少、轮廓线简洁的填充图案（图4-3-11）。

（2）填充方法二

制作时根据填充部位的形态和面积准备面料。将布料放在特定的部位铺平后，按照图案的轮廓进行缝制，将图案中的每个块面全部缝制完毕后，翻至反面朝上，用剪刀在每个闭合轮廓的图案中间开一个小口，以能塞进去填絮料为宜，越小越好。从开口处装入填絮料，并用手针缝合开口处，直到所有的开口缝合完毕，翻到正面整理，完成制作。

这种填充方法适合缝制图案多、轮廓线条长的填充作品。可以用机器代替手工缝制图案轮廓线，最后用手工封口（图4-3-12）。

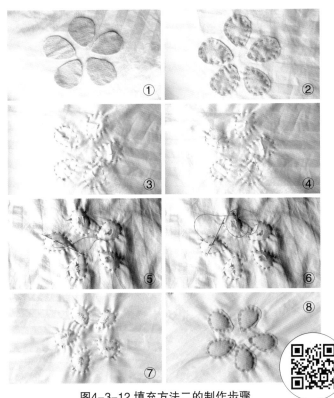

图4-3-12 填充方法二的制作步骤

3.填充作品及其在服装中的应用

（1）填充学生作品赏析

如图4-3-13~图4-3-18所示。

图4-3-13 在面料的正面进行布贴填充设计，立体感强

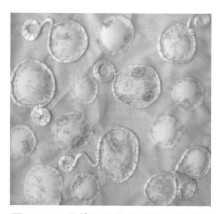

图4-3-14 将填充和盘花结合完成后再罩上一层薄纱，增加朦胧神秘感

图4-3-15 不规则地填充块面，看似均匀统一的分布中有变化，层次感强

图4-3-16 将填充物按大小疏密，变化排列后缝钉于面料上，立体感强具有趣味性

图4-3-17 运用透明PVC材料贴缝后将珠子填入，新材料的应用更具创意

图4-3-18 将彩色珠子、亮片填入防撞气泡材料中，构思巧妙有创意

（2）填充在服装中的应用

如图4-3-19~图4-3-21所示。

图4-3-19 结合图案在服装中运用填充进行面料创意设计，既强调了面料的肌理感又增强了图案的立体效果

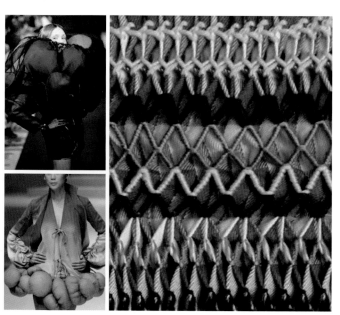

图4-3-20 在服装局部应用填充，具有夸张的作用

三、叠加

叠加法是塑造面料立体效果的一种方式，通过一种或多种材料反复交叠，使其在交错中产生梦幻般的神秘美感，营造面料的立体效果，形成一种重重叠叠又互相渗透、虚实相间的立体型空间（图4-3-22）。著名服装设计师瓦伦蒂诺（Valentino）首先开创了将性质完全不同的面料组合在一起应用，"多层风貌"利用面料的叠加充分展示了光影变化，使服装产生一种明暗、有序的变化效果（图4-3-23）。

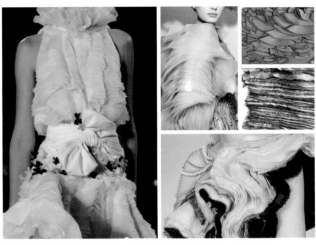

图4-3-22 叠加面料创意设计及其在服装中的应用

图4-3-21 填充在服装中的应用使服装体积感增强，具有趣味性

图4-3-23 瓦伦蒂诺高级时装中应用叠加所体现的"多层风貌"

（1）叠加学生作品赏析

如图4-3-24~图4-3-26所示。

图4-3-24 透明面料的叠加与布贴结合，虚实效果强烈

图4-3-25 花片的叠加使面料的厚重感和肌理感增强

图4-3-26 不同材料的叠加组合，丰富了整体的表现效果

（2）叠加在服装中的应用

如图3-3-27~图3-3-31所示。

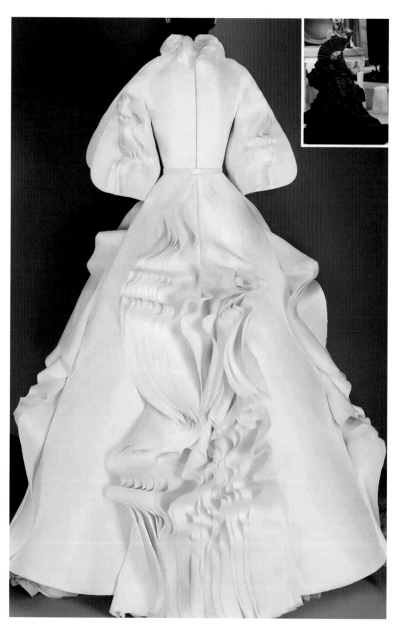

图4-3-27 同种不透明面料的叠加具有强烈的韵律感和层次感

图4-3-28 不同材质面料的叠加效果更丰富且主次分明

图4-3-29 透明面料的叠加能体现色彩的变化，营造虚实感

图4-3-30 叠加在
服装整体中的应
用增强了面料的
肌理感和分量感

图4-3-31 叠加
在服装局部的
应用增强了体
积感

四、褶皱

面料的褶皱设计是使用外力对面料进行打皱、缩缝、抽褶或利用高科技手段对皱褶永久性定型而进行局部或整体的挤压、拧转、堆积等的处理。服装中运用褶皱以改变面料的表面肌理形态，使其产生由光滑到粗糙的转变，形成自然、丰富的肌理效果。

褶皱面料有强烈的立体感和触摸感，既能使服装舒适合体，又能增加装饰效果，同时还能体现面料柔软、飘逸的特点，体现面料的悬垂性（图4-3-32）。日本设计师三宅一生的褶皱服装在时装界享有名气，他本人也被贯以"一生褶"之美誉（图4-3-33）。

褶皱的种类很多，有压褶、抽褶、自然垂褶、波浪褶等，有机械压褶也有手缝褶。根据现有材料和工具，主要介绍手缝褶，常用于面料创意设计的手缝褶主要有线缝褶和立体褶。

（一）线缝褶

线缝褶也被称为"打缆"或"扳网"，是将布先抽成有规律或无规律的褶，然后用彩线按设计图案一边绣缝，一边抽褶，在褶山缝出各式花样或图案。一般可在素色织物上用色彩线绣成美丽的图案，也可利用格子、条纹或不规则的几何图形的织物加以缝制，使之形成富有多层次表现力的装饰物，由于其格调高雅、变化奇特，既能产生柔软自然的美感效果，又具装饰与收省的功能，因此在服装中常用于服装的胸前、袖口以及腰间等部位（图4-3-34）。

图4-3-32 褶皱及其在服装中的应用效果

图4-3-33 三宅一生的褶皱服装

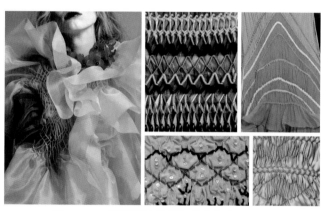

图4-3-34 线缝褶及其在服装中的应用效果

1. 线缝褶作品赏析

如图4-3-35~图4-3-40所示。

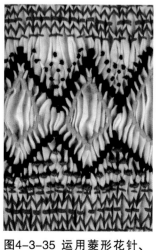

图4-3-35 运用菱形花针、绕针、卷缝形成的线缝褶作品

图4-3-36 运用交叉针、卷缝和撸花针形成的几何图案

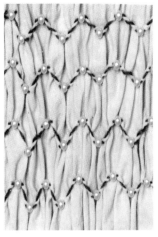

图4-3-37 运用回针、锁针、三角针、卷缝等针法缝制的作品

图4-3-38 运用交叉针在缩褶面料上缝制折线造型

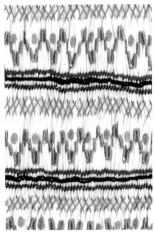

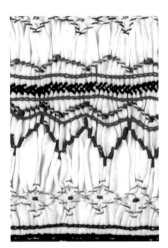

图4-3-39 运用三角针、辫子股针、卷缝及撸花针的线缝褶作品

图4-3-40 运用辫子股针和卷缝的方法构成的几何线条图案

2.线缝褶在服装中的应用

如图4-3-41所示。

图4-3-41 高级时装的不同局部运用的线缝褶饰

（二）立体褶

立体褶又叫格子褶饰，是从布的反面挑一两根布丝，缝制而形成的立体状褶。制作方法是先在布的反面按设计效果画好格子并标记缝合的连接线，通过手缝抽缩面料，反复操作后获得肌理外观效果。立体褶具有舒适、优美、华丽之感，是女装礼服、时装及童装中常用的服装面料创意设计手法（图4-3-42）。

图4-3-42 立体褶及其在服装中的应用效果

1.立体褶材料和工具

（1）材料

薄软型面料、缝纫线、彩色绣线、珠子、亮片等。

（2）工具

手缝针、顶针、纱剪、直尺、水消笔、锥子、画粉、熨斗等。

2.立体褶制作方法及步骤

步骤一：

先在布的反面按褶的大小画好方格，格子大小根据所形成的褶饰用途来定，一般边长为2cm左右，根据褶的大小和面料的薄厚可在此基础上适当增减（图4-3-43）。

图4-3-43 画基础线方格

步骤二：

在方格内设计需要缝合的连接线，连接线的形式可归纳为直接连接、折线连接、弧线连接三种，每种线不同的排列方式都会使褶饰外观形成不同的视觉效果，连接线的设计对褶饰效果的形成具有非常重要的作用（图4-3-44）。

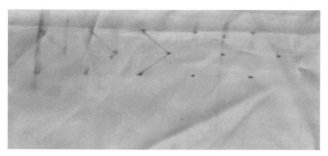

图4-3-44 设计连接线

将设计好的连接线按照二方连续或四方连续的方式排列在布料的反面。连接线按照一个方向排列成长行，缝制后立体褶饰为二方连续式，连接线按照一定的规律向四面八方扩展排列，缝制后立体褶饰为四方连续式（图4-3-45）。

图4-3-45 按规律排列

步骤四：

根据连接线的形式和排列方式，依次序在布料反面将连接线一个一个分别挑1~2根纱抽缝起来，注意采用同色线，面料正面不能露针迹，这样面料便形成具有特定肌理的立体褶饰（图4-3-46）。

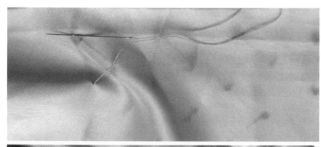

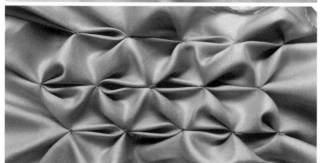

图4-3-46 挑线抽缝方法及完成效果

步骤五：

将面料翻至正面，按照立体褶饰凸起的效果，将卡在布褶中的面料撕出，整理好褶饰，运用蒸气进行定型，最后也可运用珠子等材料对其进行再装饰（图4-3-47）。

图4-3-47 整理后的正面效果

3.立体褶范例

（1）范例一

选用有光泽的丝绸面料，采用折线式三点相连的针法，即将图中的折线由起点、折点至终点用针挑起，然后用线将三点抽成一点，将线头打结。如此按次序反复制作，连接点设在面料的背面（图4-3-48）。

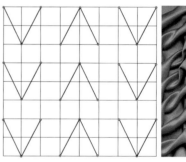

图4-3-48 范例一制作图与实物图

（2）范例二

选用有光泽的丝绸面料，采用二点相连的针法，挑缝起点和终点后将其抽成一点，将线头打结，如此按次序反复制作，连接点设在面料的背面，正面钉珠装饰（图4-3-49）。

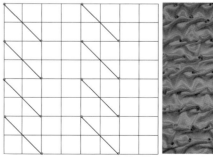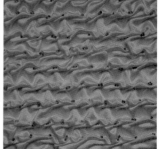

图4-3-49 范例二制作图与实物图

（3）范例三

选用混纺卡其面料，采用折线式五点相连的针法，即将图中的折线由起点、折点至终点用针挑起，然后用线将五点抽成一点，将线头打结。如此按次序反复制作，连接点设在面料的背面（图4-3-50）。

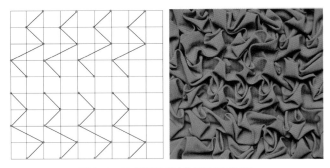

图4-3-50 范例三制作图与实物图

（4）范例四

选用棉质面料，采用二点相连、交叉式组合的针法，挑缝起点和终点后将其抽成一点，将线头打结。如此按次序反复制作，连接点设在面料的背面，正面钉珠装饰（图4-3-51）。

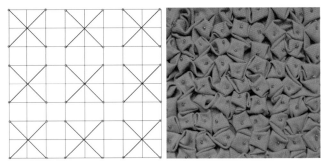

图4-3-51 范例四制作图与实物图

（5）范例五

选用有光泽的绸缎面料，采用闭合式四点相连的针法，将图中的四点挑缝后抽成一点，将线头打结。如此按次序反复制作，连接点设在面料的背面（图3-3-52）。

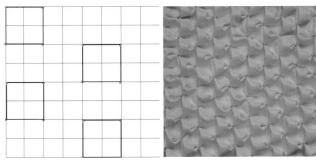

图4-3-52 范例五制作图与实物图

（6）范例六

选用涤纶面料，采用闭合式五点相连的针法，将图中的五点挑缝后抽成一点，将线头打结。如此按次序反复制作，连接点设在面料的背面（图4-3-53）。

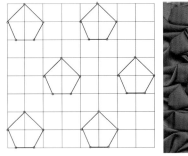

图4-3-53 范例六制作图与实物图

（7）范例七

选用有光泽的丝绸面料，采用二点相连的针法，挑缝起点和终点后将其抽成一点，将线头打结。如此按次序反复制作，连接点设在面料的背面（图4-3-54）。

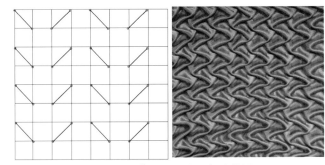

图4-3-54 范例七制作图与实物图

（8）范例八

选用有光泽的丝绸面料，采用闭合式四点相连的针法，将图中的四点挑缝后抽成一点，将线头打结。如此按次序反复制作，连接点设在面料的背面，正面覆盖网纱、钉珠装饰（图4-3-55）。

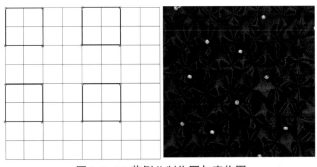

图4-3-55 范例八制作图与实物图

（9）范例九

选用有光泽的丝绸面料，采用折线式三点相连的针法，即按图中的折线由起点、折点至终点用针挑起，然后用线将三点抽成一点，将线头打结。如此按次序反复制作，连接点设在面料的背面（图4-3-56）。

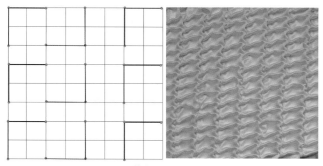

图4-3-56 范例九制作图与实物图

（10）范例十

选用棉质面料，采用闭合式八点相连的针法，将图中在圆上的八点挑缝后，填入丝棉，抽成一点，将线头打结。如此按次序反复制作，连接点设在面料的背面（图4-3-57）。

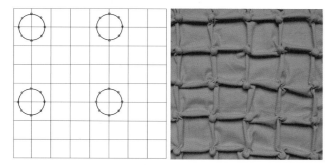

图4-3-57 范例十制作图与实物图

4．立体褶作品及其在服装中的应用

（1）学生作品赏析

如图4-3-60~图4-3-74所示。

（11）范例十一

选用棉质面料，采用折线式三点相连的针法，即按图中的折线由起点、折点至终点用针挑起，然后用线将三点抽成一点，将线头打结。如此按次序反复制作，连接点设在面料的正面，采用绘染、钉珠、钉亮片装饰并覆盖线结（图4-3-58）。

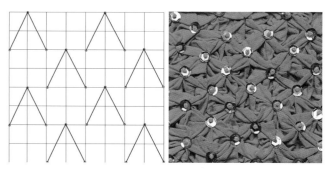

图4-3-58 范例十一制作图与实物图

（12）范例十二

选用有光泽的丝绸面料，采用二点相连的针法，形成复合式构图。制作时如图次序，挑缝起点和终点后将其抽成一点，将线头打结，如此按次序反复制作，连接点设在面料的背面（图4-3-59）。

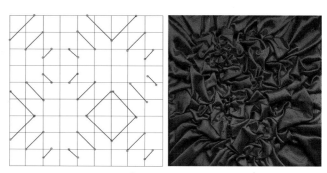

图4-3-59 范例十二制作图与实物图

图4-3-60 无规律的褶皱结合嵌珠，杂乱中具有层次感

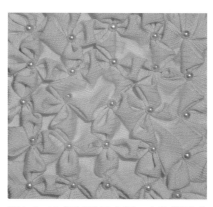

图4-3-61 通过珠子点缀，立体褶形成的花朵感觉更明显

图4-3-62 疏密有致面料上点缀珠子，提升整体效果

图4-3-63 绸缎面料缝制成的四方连续式褶皱

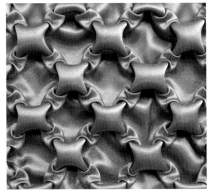

图4-3-64 绸缎面料形成的泡状褶皱，整齐有序立体感强

图4-3-65 褶皱形成的方格犹如编织的效果，点缀珠子更加精致

图4-3-66 褶皱结合涂金更显华丽

图4-3-67 运用花色面料堆积成褶皱并嵌入亮片，具有精致富贵之感

图4-3-68 褶皱在棉质面料中的应用效果

图4-3-69 绸缎缝制形成的席纹编织效果生动形象

图4-3-70 米珠的点缀使杂乱的褶皱有了层次感

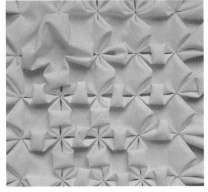

图4-3-71 雪纺面料缝制成的花朵状四方连续图案立体感强

图4-3-72 雪纺面料制成的褶皱面料具有柔软舒适质感

图4-3-73 软性透明PVC材质形成的褶皱时尚前卫

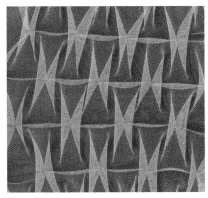

图4-3-74 网纱面料形成的褶皱，能体现叠加的效果

（2）立体褶在服装中的应用

如图4-3-75~图4-3-77所示。

图4-3-75 立体褶在服装局部的应用，增强体积、局部造型

图4-3-76 立体褶在男、女装中的应用效果

图4-3-77 立体褶与钉珠、绗缝、拼结结合的应用效果

第四节 服装面料创意设计的钩编设计技法

随着钩编服装的再度流行，面料创意设计的钩编设计日益成为时尚生活的焦点，面料的钩编设计是指采用不同材料的线、绳、带、皮条、花边等，通过编织、钩织、编结等技巧组合成各种富有创意的新型面料，形成疏密、宽窄、连续、凹凸组合等变化，获得一种肌理对比变化的美感。在工业大发展的今天，利用棒针、钩针、编织机等专业工具，恰当地运用不同的线材，可以制作出很多丰富的钩编效果（图4-4-1）。

图4-4-1 面料创意设计的钩编设计技法及其应用

一、手工钩编

手工钩编的范围很广，技法多样，被大量运用到人们的生产劳动和日常生活之中（图4-4-2）。

图4-4-2 依次为棒针编织、钩针编织、手工梭编在服装中的应用

棒针编织是利用棒针造成一根线型材料成圈状，相互连接而编成的织物。

钩织编织是使用钩针造成一根线形材料的成圈套勾，以此编成的织物。

手工梭编是由经、纬两组线型材料通过梭子纵横交织、上下沉浮而编成的织物。

手工钩编的历史悠久，在世界各地广为流传，下面主要介绍常用到的棒针编织、钩针编织和手工梭编。

（一）棒针编织

棒针编织是利用编织线或其他带状织物，使用棒针通过手工技艺编织的创意设计面料。棒针编织技法简便易操作，随意性强，运用上针和下针两类技法以及各种色线加以不同的处理和变化，可以设计编织出许多奇特的面料创意设计作品（图4-4-3~图4-4-5）。

棒针编织织物的弹性较大，蓬松柔软，穿着舒适，外观自然优美，色彩丰富，肌理变化奇特，装饰性极强，深受人们的喜爱，在各类服装中均有应用。

图4-4-3 通过变换棒针编织针法和更换线的色彩对面料进行创新设计

图4-4-4 棒针编织中运用不同材质的粗线绳进行针织面料创意设计，体现出夸张的效果

图4-4-5 棒针编织中结合做旧、撕扯的减型面料创意设计手法进行针织面料的创新设计，具有街头时尚感

（二）钩针编织

钩针编织是利用线绳或其他带状织物，使用钩针通过手工技艺进行的艺术创作。运用锁针、短针、中长针、长针等钩编针法以及各种花色线加以不同的组合变化，可构成多种不同效果的面料创意设计作品。钩针编织与棒针编织类似，作品外观变化大，随意性强，技法简便易操作。

钩针编织织物的弹性小，坚固耐用，不易变形，效果自然优美，色彩丰富，肌理变化奇特，精巧细致，玲珑剔透，装饰效果极强，因此常常应用在女装和童装的套衫、披肩、裙子等服装中（图4-4-6~图4-4-8）。

图4-4-6 钩针编织单元花拼接的方法应用在服装中

图4-4-7 通过钩针编织针法的变化，同时配合分割线，使钩针编织服装更为时尚

图4-4-8 钩针编织应用赋予服装变化

（三）手工梭编

手工梭编是按照梭织物的组织规律进行编织，编织中通过更换线材可获得新型面料。手工梭编面料具有粗犷、自然、淳朴、舒适的特点。

进行面料创意设计时，可根据平纹、斜纹、缎纹组织及其各种变化组织进行编织，可以选取不同材料进行灵活搭配，这样就使创意设计面料具有了更多的可变性，适合多种风格和不同品类的服装应用，国际知名品牌香奈儿的粗花呢面料就是手工梭编创意设计的范例（图4-4-9~图4-4-11）。

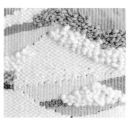
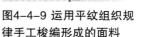

图4-4-9 运用平纹组织规律手工梭编形成的面料　图4-4-10 分区域更换纬纱线材的创意手工梭编面料作品

图4-4-11 手工梭编中经纬纱材料变化丰富的香奈儿面料

1.梭编材料与工具

（1）材料
缝纫线、各种不同材质的线绳等。

（2）工具
尺子、毛衣针、工作台、蒸汽熨斗、喷壶等。

2.手工梭编工艺技法

（1）手工梭编平纹组织

步骤一：固定经纱

将选取的线绳材料按照经纱方向排列好，把每根线绳的上端暂时固定（图4-4-12）。

步骤二：喂入纬纱

按照提前设计好的组织结构，由上至下一根一根地喂入纬纱进行编织，直至编织完成（图4-4-13）。

步骤三：固定边缘

用手缝针或缝纫机将编织完成的面料边缘部分缝钉在一起，防止线绳脱散（图4-4-14）。

步骤四：整饰定型

剪掉剩余的线绳，用熨斗进行熨烫，或根据需要在编织好的面料上进行再装饰。

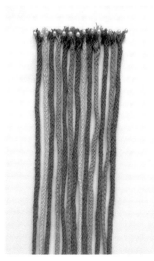
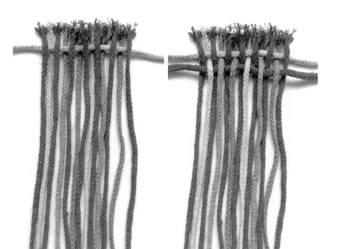

图4-4-12 固定经纱　　　　　　　　　图4-4-13 按次序喂入纬纱　　　　　　　　　图4-4-14 固定边缘

（2）手工梭编斜纹组织

选用梭织面料的斜纹组织"一上二下"斜纹进行编织。先将选取的经纱固定，然后再按照"一上二下"的规律喂入纬纱，编织完成所需大小后，用针线缝制边缘，最后处理多余的线绳，即完成制作（图4-4-15）。

图4-4-15 按照"一上二下"组织手工梭编的创意设计面料

3.手工梭编作品及其在服装中的应用

（1）学生作品赏析

如图4-4-16~图4-4-24所示。

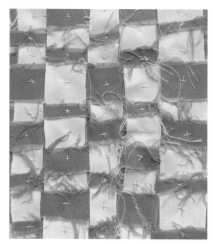

图4-4-16 对比色布条的平纹手工梭编，结合毛边与钉缝的十字针脚体现出新颖感

图4-4-17 运用丝带、珠串、毛线的手工梭编，钉缝的蝴蝶结装饰丰富了整体效果

图4-4-18 平纹手工梭编中拉链梭编的应用更具独特效果

图4-4-19 无纺面料的手工梭编疏密有致、制作精致

图4-4-20 革与毛呢材料的手工梭编质感相互对比强调

图4-4-21 交编与创意手工梭编的结合使作品更具创意

图4-4-22 毛线手工梭编中留出的线圈增强了面料的层次感

图4-4-23 不同的线材组合手工梭编，使平纹面料变化丰富

图4-4-24 平纹手工梭编网格结合布贴，装饰感和层次感增强

（2）手工梭编在服装中的应用

如图4-4-25~图4-4-27所示。

图4-4-25 手工梭编在服装整体和局部的应用效果

图4-4-27 根据藤制品的编织
规律进行的手工梭编面料创意
设计

图4-4-26 通过平纹组织进行创意的手工梭编面料

二、编结

编结是采用各类线性纤维材料，使用手工技艺进行的具有实用与装饰功能的一种绳结技艺，也称之为绳编、绳结、打结等。编结工艺强调的是丰富的结形、手工的技艺和对材料的灵活运用，编结常用于各类饰物和织物的制作中，编结织物具有肌理、质感、色彩、图案变化莫测的效果，编结织物造型独特、寓意深刻、内涵丰富，不但古典精致，更代表了吉祥、好运等特殊含义，是对服装、服饰品进行装饰的重要手段之一（图4-4-28）。

图4-4-28 编结及在服装中的应用

1.编结材料与工具

（1）材料
丝绳、棉绳、麻绳、其他线绳及珠子等材料。
（2）工具
剪刀、镊子、胶枪、钩针等。

2.编结工艺步骤

步骤一：编

运用准备的材料与工具，根据结形、作品的造型将线按照一定的方法进行穿压。编结时要注意线的松紧控制，否则将会影响下一步操作。

步骤二：抽

在编结完成后，将结抽紧定型。一步一步按照次序进行，将线绳放在特定的位置，以防止走形。这一步是较难把握的环节，也是编结的重点。

步骤三：修

对结进行收尾和固定的一种整理和修饰，使结形不容易散脱且美观。收尾一定要巧妙，可以打个简单的小结，也可以把线头藏在结里面，或者用金银丝缠绕起来。结饰固定之后，可以在适当的地方缝镶上颜色相配的珠子，使其更华美。

3.常用结及编结方法

（1）双联结

"联"有连、合、持续不断之意。双联结即是以两个单结相套连而成，故名"双联"。"联"与"连"同音，在中国吉祥语中，可以隐喻为连中三元、连年有余、连科及第等。

双联结属于较实用的结，因为它的结形小巧，且最大的特点是不易松散，因此，常被用于编织结饰的开端或结尾，有时用来编织项链或腰带中间的装饰结，也有用此结将多根线编成网的（图4-4-29）。

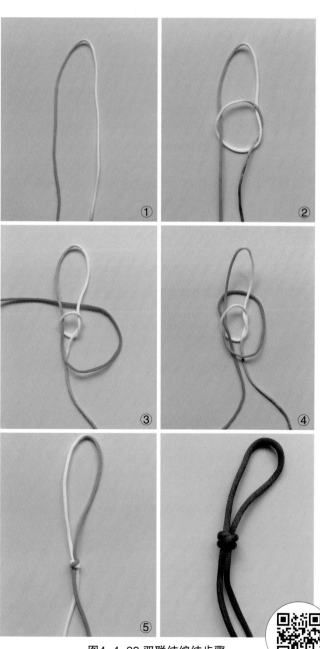

图4-4-29 双联结编结步骤

（2）双钱结

双钱结又称金钱结或双金线结，即线绳编织成两个古铜钱状相连而得名，象征好事成双。古铜钱在中国是吉庆祥瑞的宝物，还具有除妖避邪的寓意。古时"钱"又称为"泉"，与"全"同音，可寓意为"双全"。因其寓意美好，结形美观，平整具有孔隙，常被用于编织各种条带状或面状物品，利用数个双钱结的组合，更可构成其他图案，如云彩、十全结等（图4-4-30、图4-4-31）。

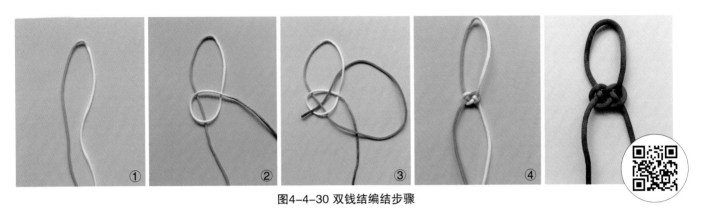

图4-4-30 双钱结编结步骤

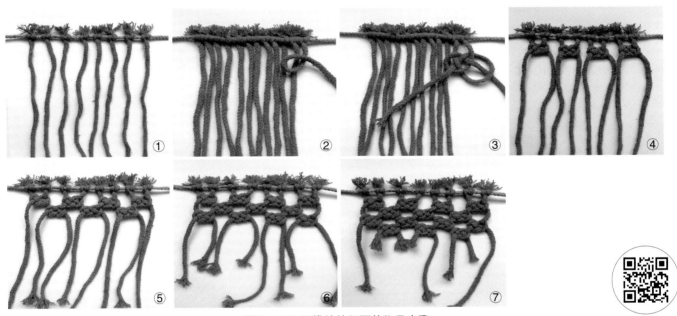

图4-4-31 双钱结编织面状物品步骤

（3）十字结

"十"含有满足的意思，如"十分""十足"。十字结编织完成后，其正面为"十"字（详见步骤⑤），故称十字结，其背面为方形（详见步骤⑥），故又称方结、四方结、成功结、皇冠结。十字结结形简单、编织迅速，可当作装饰结使用，也可编织网状面料（图4-4-32）。

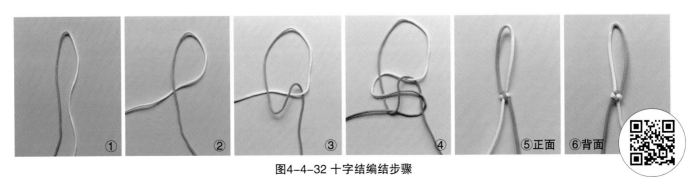

图4-4-32 十字结编结步骤

（4）平结

"平"有高低相等、不相上下之意。同时，又有征服、稳定的含义，平结给人的感觉是四平八稳。因其形状非常扁平，所以叫作平结。

平结是以一线或一物为轴，将另一线的两端绕轴穿梭而成，平结用途很广，可用来连接粗细相同的线绳，也可编织条带状、块面状物品（图4-4-33、图4-4-34）。

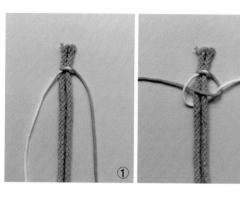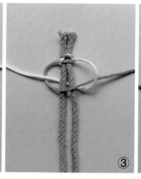

图4-4-33 平结编结步骤

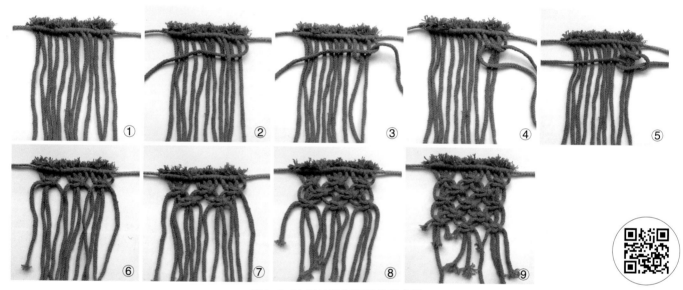

图4-4-34 平结编制面状物品步骤

（5）同心结

同心结是一种古老的花结，由于其两结相连的特点，取"永结同心"之意，可用于编结网状面料，与其他结组合也可变形成为万字结（图4-4-35、图4-4-36）。

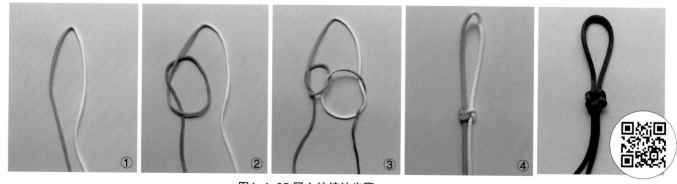

图4-4-35 同心结编结步骤

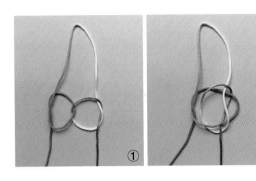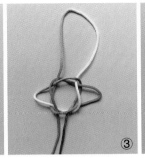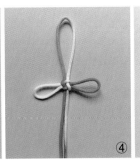

图4-4-36 万字结编结步骤

（6）酢浆草结

酢浆草结因形状类似酢浆草而得名。在中国古老结饰中应用广泛，因其结形美观，易于搭配其他结式且寓意幸运吉祥而一直被人们使用。

酢浆草结可以演化成许多变化的结式，如双喜结、如意结、绣球结、凤凰结等。同时可以在编其他任何一个有耳翼的结时添加应用，以丰富结饰，也可编成四叶、五叶等不同数目耳翼的结形。服装中常将其用作装饰（图4-4-37、图4-4-38）。

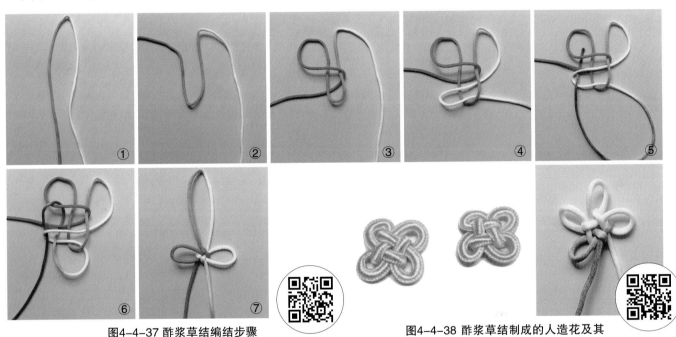

图4-4-37 酢浆草结编结步骤　　　　　　　　　**图4-4-38 酢浆草结制成的人造花及其变形的四耳翼结形**

（7）蛇结

蛇结是中国结的基本结之一，单结为扁状实结，常用多个单结连续编成一定长度、形如蛇骨、稍有弹性、可以左右摇摆的结构。

蛇结步骤少，编结方法很简单，可随意组合，既可以编成长条形成新的线材，也可以多根组合编成网状面料（图4-4-39）。

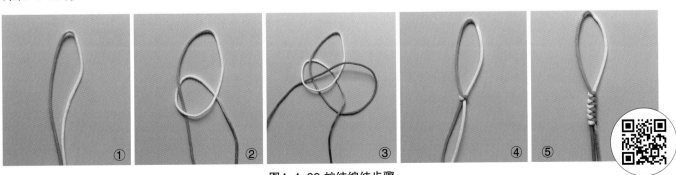

图4-4-39 蛇结编结步骤

（8）吉祥结

"吉"为美好、有利，"祥"则为福、善之意。吉祥二字代表着祥瑞、美好，吉祥如意，常出现于中国僧人的服装及庙堂的饰物上。吉祥结编法简易，结形美观，而且变化多端。吉祥结应用广泛，常用于女装、童装和各种中国风服装上作为装饰（图4-4-40）。

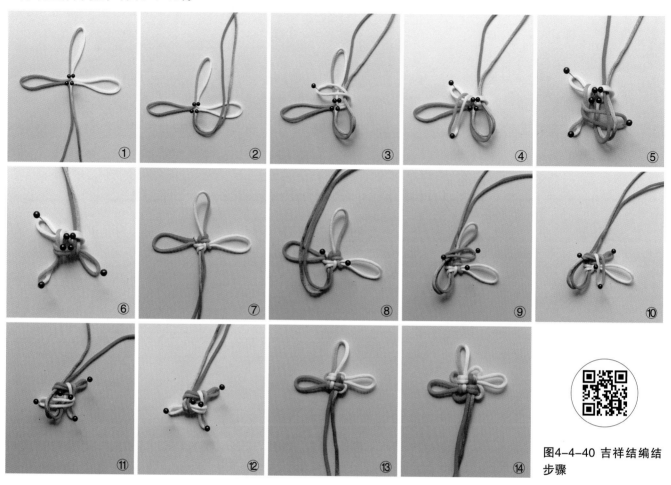

图4-4-40 吉祥结编结步骤

（9）草花结

草花结是一种流传久远的花结。在开始时可以做3、4或者5个"耳"，编好后花瓣的个数较多，大小错落有致，形成像花一样的造型，具有较强的层次感，服装中常用于人造花装饰（图4-4-41）。

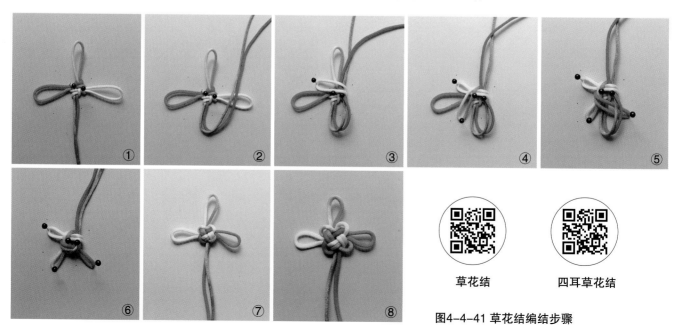

草花结　　　　　四耳草花结

图4-4-41 草花结编结步骤

（10）纽扣结

纽扣结的结形如钻石，故又称钻石结。纽扣结结形圆润饱满，美观。常用来制作盘扣的盘钮，也可用于编结服装装饰物等（图4-4-42）。

（11）琵琶扣结

琵琶扣结是以纽扣结为基础加以变化而成，因其形状似乐器琵琶而得名。琵琶又音同吉祥之果"枇杷"，喻为满树皆金。琵琶扣结结形独特、寓意美好，既具有实用作用又具有装饰作用，经常出现在各种中式服装、时装的盘扣或其他装饰中（图4-4-43）。

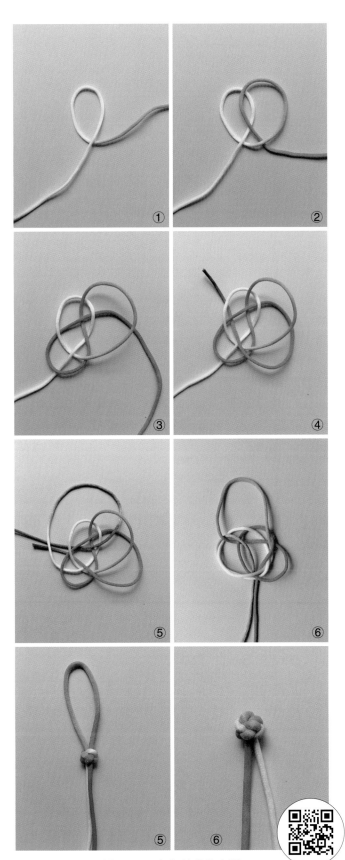

图4-4-42 纽扣结编结步骤

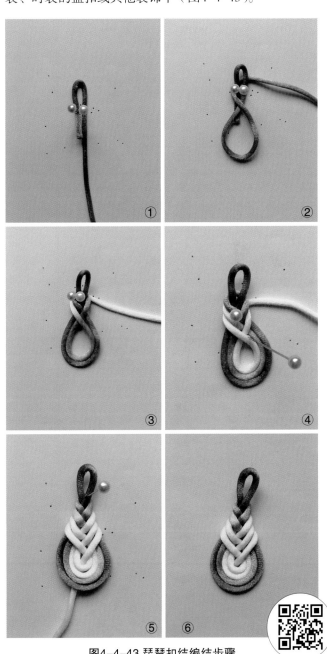

图4-4-43 琵琶扣结编结步骤

（12）盘长结

盘长为"八宝"中的第八品佛，俗称八吉，象征连绵长久不断，回环贯彻，是万物的本源，盘长结是最重要的基本结之一，通常是许多变化结的主结，也因为中国结具有紧密对称的特性，所以在感观上容易被人们所喜爱，其结形线条优美、疏密结合、装饰感强，常用于服装的装饰中（图4-4-44）。

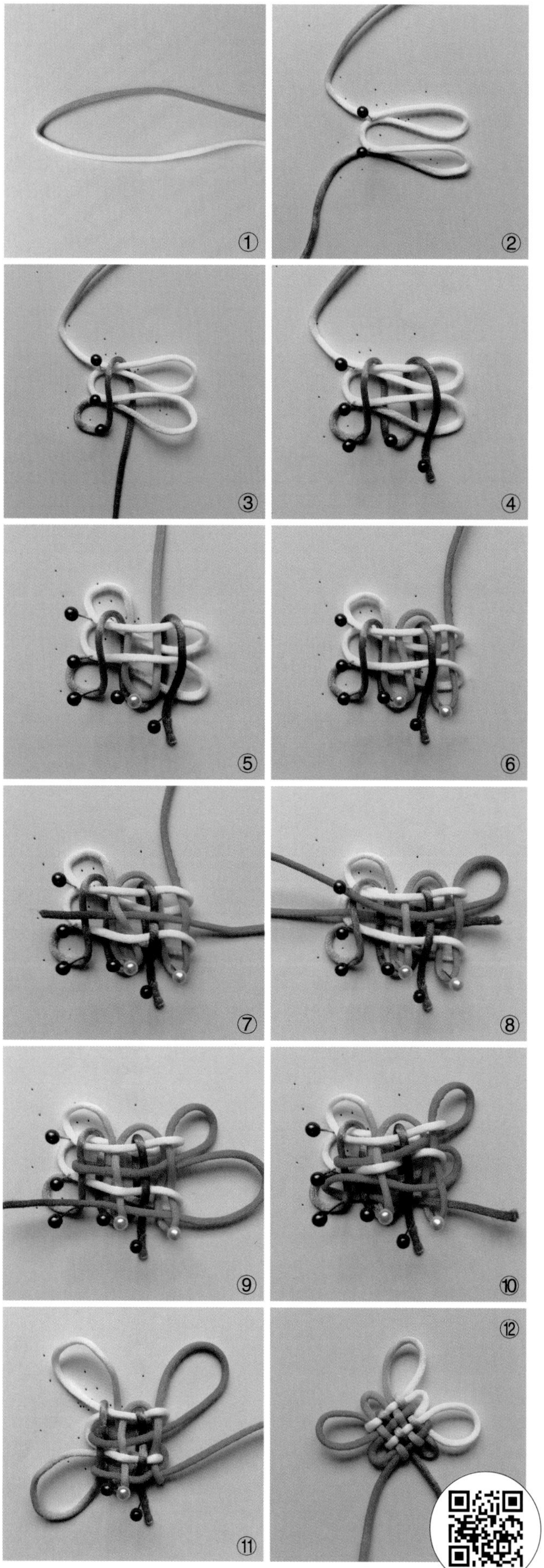

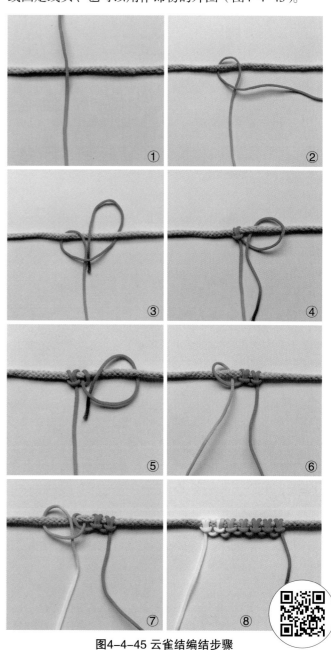

（13）云雀结

云雀结简单、实用，可用于编结与物品之间的连缀或固定线头、也可以用作饰物的外圈（图4-4-45）。

图4-4-45 云雀结编结步骤

（14）卷结

卷结是将多根线通过编结连接形成特定的图案和肌理，编结时可将一个卷结当成一个点，根据需要编结多个卷结，可以组合成各种形状的线条，也可以组合成面状，还可变换编结线绳的颜色丰富外观效果。卷结步骤少，简单易学，可分为斜卷结、横卷结和纵卷结，在服装、挂毯等应用广泛（图4-4-46~图4-4-48）。

图4-4-44 盘长结编结步骤

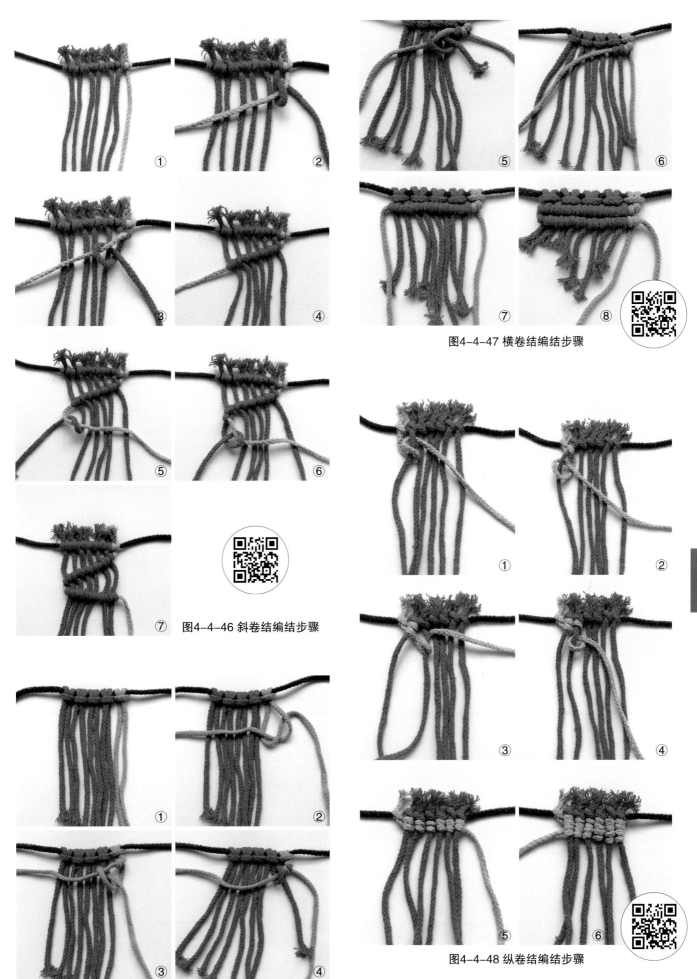

图4-4-47 横卷结编结步骤

图4-4-46 斜卷结编结步骤

图4-4-48 纵卷结编结步骤

第四章 服装面料创意设计技法

（15）八字结

八字结也称为麦穗结，是一种常见的实用绳结系法。常常用在线绳的末端来作饰坠，既美观又能固定物品、不打滑。八字结可在编结绳带状材料或编结面状材料收尾处使用，不仅实用而且美观，如使用丝绳编结收尾时用打火机烧一下，使末尾处与其他绳条黏合起来，会更加牢固（图4-4-49）。

（16）轮结

轮结是通过围绕芯线作绕线而形成的一种简单的结形，通常连续编结形成螺旋形长条，其可以当成绳带材料再次运用，也可以在面状材料编结时塑造面料肌理效果（图4-4-50）。

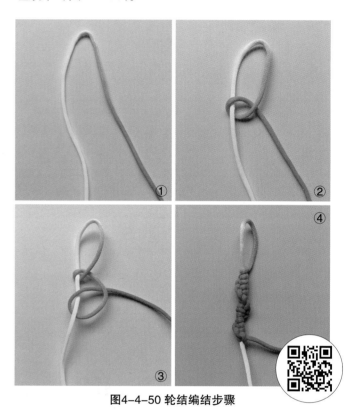

图4-4-50 轮结编结步骤

4.编结作品及其在服装中的应用

（1）学生作品赏析

如图4-4-51~图4-4-56所示。

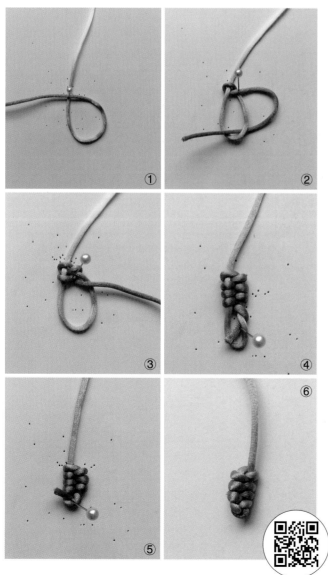

图4-4-49 八字结编结步骤

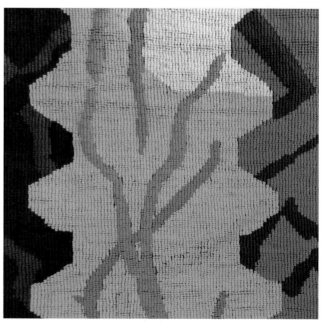

图4-4-51 运用横卷结编织的图案

图4-4-52 斜卷结、平编结和钉珠结合的编织作品

图4-4-53 平编结与钉珠结合的作品

图4-4-54 斜卷结和手工梭织结合的编织作品

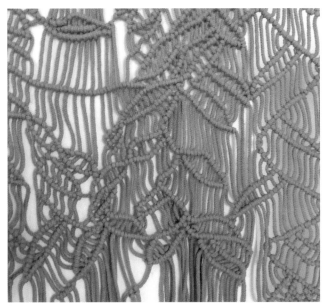

图4-4-55 运用斜卷结编织成的镂空图案

图4-4-56 平编结编织成
的条纹状图案作品

（2）编结在服装中的应用

如图4-4-57~图4-4-60所示。

图4-4-57 卷结在服装整体与局部中的运用
使服装新颖而独特

图4-4-58 编结服装中线绳材质的变化、结形的组合及装
饰材料的应用使编结服装更具生动、时尚气息

图4-4-59 编结在服装及饰物中的
应用具有独特的魅力

图4-4-60 让·保罗·高缇耶（Jean Paul Gaultier）将绳、布条和非服装材料进行编结设计的高级时装，时尚、前卫且富有创意

第五节 服装面料创意设计的综合设计技法

服装面料创意设计时，往往采用多种工艺技法相结合的方式体现设计灵感和主题，以取得多层次和主次分明的设计效果，如将手绘和抽纱、剪切和叠加、绣花和镂空等工艺技法结合运用。灵活地运用各类设计技法使面料的"表情"更加丰富，创造出别有洞天的肌理和视觉效果（图4-5-1~图4-5-6）。

图4-5-1 印花、珠绣与人造花的结合

图4-5-2 彩绣、珠绣与拼接的结合

图4-5-3 针织与编织的结合

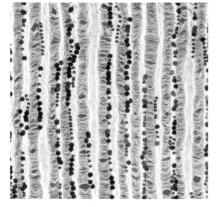

图4-5-4 抽纱与珠绣的结合

图4-5-5 剪切与珠绣的结合

图4-5-6 编织、钩织与拼接的结合

一、学生作品赏析

如图4-5-7~图4-5-39所示。

图4-5-7 布贴、叠加与钉缝的结合

图4-5-8 布贴与钉缝的结合

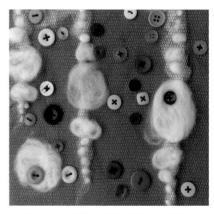

图4-5-9 钉缝、穿线与叠加的结合

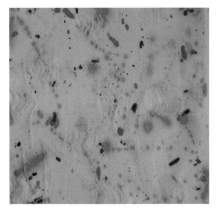

图4-5-10 喷绘与抽纱的结合

图4-5-11 盘花与钉缝的结合

图4-5-12 彩绣、珠绣与手绘的结合

图4-5-13 手绘与盘花的结合

图4-5-14 线缝与立体褶的结合

图4-5-15 布贴与珠绣的结合

图4-5-16 人造花与钉珠的结合

图4-5-17 布贴与盘花的结合

图4-5-18 手工梭编、人造花与珠绣的
结合

127

图4-5-19 做破、抽纱与梭织的结合

图4-5-20 布贴与盘花的结合

图4-5-21 褶皱、人造花与叠加的结合

图4-5-22 扎染、人造花与珠绣的结合

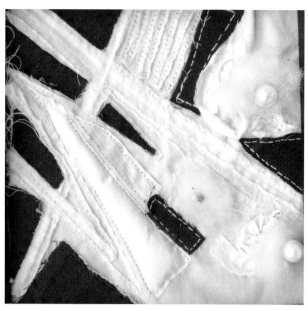

图4-5-23 布贴与加棉填充的结合

图4-5-24 褶皱与钉缝的结合

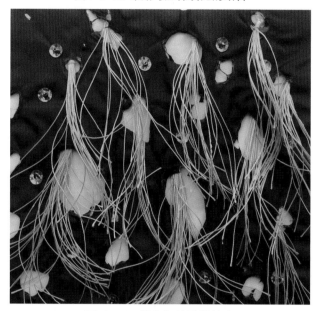

图4-5-25 烧与钉挂坠的结合

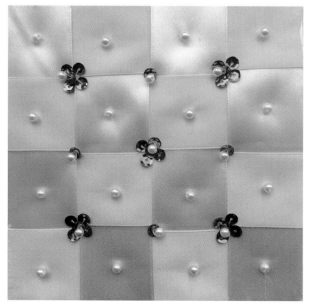

图4-5-26 梭织与钉珠的结合

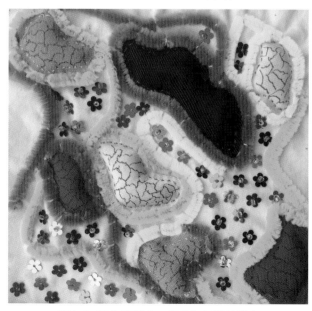

图4-5-27 加棉填充、盘花与钉缝的结合

128

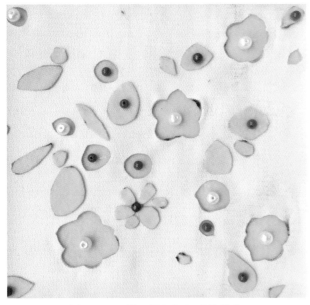

图4-5-28 烧、叠加与钉珠的结合

图4-5-29 布贴与缝线装饰的结合

图4-5-30 镂空与布贴的结合

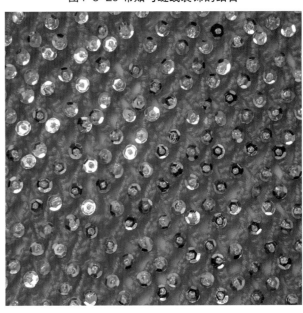

图4-5-31 钩织与钉珠的结合

129

图4-5-32 梭织与钉缝线饰的结合

图4-5-33 手工梭织、交编与钉挂坠的结合

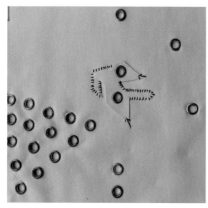

图4-5-34 布贴与铆钉的结合

图4-5-35 绗缝、剪切与钉挂的结合

图4-5-36 珠绣与贴条的结合

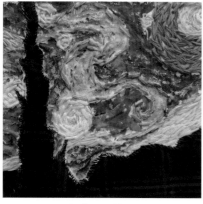

图4-5-37 布贴、纳缝与绘染的结合

图4-5-38 彩绣、烧与钉珠的结合

图4-5-39 扎染与拼接的结合

二、服装面料创意设计的综合设计技法在服装中的应用

如图4-5-40~图4-5-60所示。

图4-5-40 珠绣、立体刺绣与褶皱的结合应用，使服装精致、华丽，富有浪漫气息

图4-5-41 彩绣与珠绣的结合应用，华丽、精致而细腻

图4-5-42 珠绣与钉挂坠的结合应用，浪漫典雅

图4-5-43 彩绣与人造花的结合应用，层次感强，主次分明

图4-5-44 绗缝与珠绣的结合，华丽之中又不失精致感

图4-5-45 褶皱与珠绣的结合应用，精致而富有女性化特点

图4-5-46 做破与钉挂的结合，个性、富有创意，具有街头感

图4-5-47 梭织与钉珠的结合使服装体现出前卫的特点，具有未来感

图4-5-48 叠加与镂空的结合使服装赋予变化，虚实结合层次感强

图4-5-49 彩绣、绘、叠加与钉挂的结合应用，使服装设计内容丰富、虚实有致、层次感强

图4-5-50 针织、梭织与叠加的结合应用，灵活、生动

图4-5-51 数码印花与机器压褶的结合应用，构思新颖，体现 前沿科技

131

图4-5-54 镂空、布贴与盘花的结合应用，表现出精致、典雅的效果

图4-5-52 彩绣、珠绣与人造花的结合，精致、华丽、立体感强

图4-5-53 皮革梭织与铆钉的结合，精致，具有朋克感

图4-5-57 盘花与褶裥面料的结合应用，表现出虚实层次感和线条的韵律美感

图4-5-55 褶皱与人造花的结合应用立体感强，疏密有致，肌理变化丰富

图4-5-56 钉珠与人造花的结合应用，使服装的女性化特征更鲜明

图4-5-58 运用加棉填充的条状物与编织结合，设计大胆突破常规，具有创意

图4-5-59 抽纱、做旧与挂缀的结合应用，使服装体现出强烈的街头时尚感

图4-5-60 镂空、褶皱与钉挂坠结合应用，肌理感强、层次丰富，使服装具有前卫感

服装面料创意设计使许多材料重放异彩别具人文价值，更重要的是它打破桎梏激发了人们的创造力，其创造性思维启发了许多现代设计家。面料的创意设计为服装设计的创造性思维指出了一条新的表现之路，为现代服装设计发展提供了更广阔的发展空间，也必将是未来服装设计的方向和趋势。

第五章 服装面料创意设计实践

图5-1-1　服装面料创意设计在服装局部设计中的应用

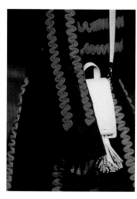

图5-1-2　服装面料创意设计在边缘部位的应用

第一节　服装面料创意设计的应用

当今服装面料呈现出多样化的发展趋势，面料创意设计迎合了时代的需要，弥补和丰富了普通面料不易表现的服装面貌，为服装增加了新的艺术魅力和个性，体现了现代服装审美特征和注重个性的特点。面料创意设计已经成为扩大服装设计师创意空间的重要设计手段，代表了国际时尚的主流方向和世界面料的发展潮流，它作为展现设计个性的载体和造型设计的物化形式具有广阔的发展空间。

面料创意与服装设计之间的协调性是服装设计中至关重要的环节，面料创意设计不仅是服装造型的物质基础，同时也是造型艺术重要的表现形式，服装面料创意设计的整体运用可以表现出统一的艺术效果，突破局部与点的局限。如简洁的款式造型与立体感和肌理突出的创意面料结合在一起，可以展现出强烈的视觉冲击力；而单纯、细腻的材质与夸张多变的造型结合，若两者配合不当所表现的视觉效果就无主次和个性，无法达到在形式和风格上的统一。因此，面料创意设计与服装的造型、色彩间相互搭配的关系已成为贯穿现代服装设计过程中的主要表现手段。

服装面料创意设计的应用要以服装为中心，以不同质地面料的风格为依据，融入设计师的观念和表现手法，将面料的潜在性能、自身的材质风格和表现形式融为一体，形成统一的设计风格。

一、在服装局部设计中的应用

根据服装设计的理念定位，为突出或强调某一局部的变化，增强该局部面料与整体服装面料的对比性而有针对性地进行局部的面料再造设计，其主要部位有领部、肩部、袖子、胸部、腰部、下摆、衣服边缘或背部等（图5-1-1）。局部的面料再造设计能起到画龙点睛的作用，成为服装的设计点与款式设计相呼应，产生和谐美。

在服装局部进行面料创意设计能更加鲜明地体现出整个服装的个性特点。服装设计时要整体考虑风格引导下的款式与面料以及创意设计后的面料三者之间的相互协调作用，这样才能使创意设计的面料自然融于整体风格的美感之中。值得注意的是同一种创意面料运用在服装的不同部位会有不同的效果。创意面料在服装中的局部运用主要有以下几个方面：

1. 面料创意设计在边缘部位的运用

边缘部位指服装的襟边、领部、袖口、口袋边、裤脚口、裤侧缝、肩线、下摆等（图5-1-2）。在这些部位进行服装面料创意设计可以起到增强服装轮廓感的作用，通常以不同的线状构成或二方连续的形式表现。

2. 面料创意设计在前胸部位的运用

服装的前胸部应用立体感强的创意面料，会具有非常强烈的直观性，很容易形成鲜明的个性特点（图5-1-3）。男装正式礼服中的衬衫经常在胸前部位采用褶裥，精美而细致，个性鲜明。

3. 面料创意设计在背部的运用

服装的背部装饰比较适合采用平面效果的创意面料，过于冗杂的背部肌理效果会使服装失去灵动性，穿着者的精神面貌会因此受到影响（图5-1-4）。

4. 面料创意设计在腰部的运用

此部位的恰当设计能在视觉上给人以提胸收腰的感觉，散发出古典的美感（图5-1-5）。在腰部恰到好处的运用创意面料不仅能使女性的柔媚展现得淋漓尽致，更能将服装的质感表露无遗。运用于腰部的创意面料最具有"界定功能"，其位置高低决定了穿着者上下身在视觉上给人的长短比例。

图5-1-3　服装面料创意设计在前胸部位的应用

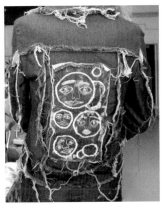   

图5-1-4　服装面料创意设计在背部的应用

135

图5-1-5　服装面料创意设计在腰部的应用

第五章　服装面料创意设计实践

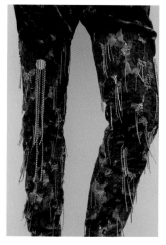

图5-1-6　服装面料创意设计在下装的应用

图5-1-7　服装面料创意设计在服装整体设计中的应用

5. 面料创意设计在下装的运用

　　与面料创意设计用于上装相比，将创意面料用于女性的下装部位的概率要小得多。下装面料肌理通常不宜过于复杂与细腻，以平衡式布局为主，部位基本选择侧面或整体运用（图5-1-6）。

二、在服装整体设计中的应用

　　对服装面料进行整体的创意设计，强化面料本身的肌理、质感或色彩的变化，能够展示服装设计师对面料创意设计与服装设计两者之间的把握和调控能力。整体应用面料创意设计的服装以突出面料变化为主，款式相对简单（图5-1-7）。如日本的服装设计师三宅一生的褶皱服装便展示了面料创意设计在简单款式上的整体应用。

第二节　服装面料创意设计的实践

一、实践内容

根据服装面料创意设计的方法自行拟定主题进行系列创意面料的设计与应用实践。

二、实践要求

服装面料创意设计实践要有完整的过程，包括创意的主题气氛图片、设计的灵感来源及文字说明、设计的构思过程、设计草稿、面料试制过程、系列创意面料小样（面料尺寸为20cm×20cm）、在服装中应用的设计效果图及其中1款服装的1∶2实物。

三、实践步骤

1. 寻找设计灵感

根据主题大量收集相关图片，对所收集的图片进行整体观察，通过逐一淘汰关联性不大的图片进行筛选，当淘汰到所剩图片较少时，还需继续补充再进行筛选，最后挑选出自己最满意的几张图片进行整理排版。

2. 设计构思过程

运用发散思维的构思方法对灵感来源图片进行细致的观察和思考，提炼面料创意设计中可以应用的元素并进行细化，构思面料创意设计中应用的造型、面料、色彩、图案、肌理、工艺方法等。从不同的角度分析组合，设计创意面料并画出多款构思草图。根据灵感来源对构思草图再进行调整和修改，形成系列面料创意设计示意图。

3. 面料试制

结合创意面料的设计构思寻找各种合适的面料及其他材料，并选择相应的技法进行制作，通过多次试制寻找最恰当的面料和制作方法，实现设计示意图的构思效果。

4. 系列创意面料小样

根据试制的方法和结果，选用合适的面料及其他材料完成再造面料小样的制作，选择较理想的4款创意面料小样组合形成一系列。

5. 创意面料在服装中的应用

根据系列创意面料小样的风格特点和每块面料小样的外观效果进行构思。选择适合的服装类别，思考每块面料小样如何在不同款式的服装中进行运用，并通过电脑或手绘的方式绘制出运用后的系列服装效果图，并在此系列服装中挑选出1款进行制作，完成1∶2服装实物作品。

四、服装面料创意设计实例

范例一：主题《荷塘月色》

作者：高雅（学生）

第一步：寻找设计灵感来源

根据主题《荷塘月色》收集与荷塘相关的荷花、荷叶、莲蓬等多张图片，对所收集的图片进行整体观察和筛选后挑选出自己最满意的几张图片进行整理排版（图5-2-1）。

137

主题：**荷塘月色**

捕捉夏天的一角：池塘中的荷花、荷叶、莲蓬充满了夏天的味道，荷花尖尖的荷瓣、莲蓬像伞一样的形状镶嵌着莲子。提取荷塘中的颜色和叶子的形状进行面料再造。

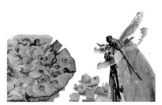

图5-2-1　《荷塘月色》灵感来源

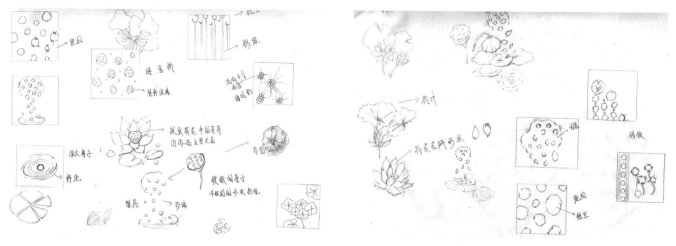

图5-2-2 《荷塘月色》系列面料创意设计元素的提炼

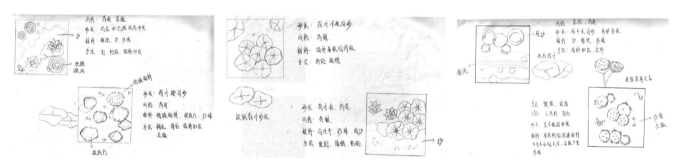

图5-2-3 《荷塘月色》系列面料创意设计示意图

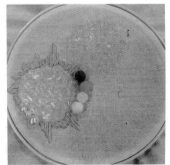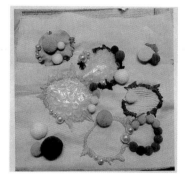

图5-2-4 挑选系列创意面料中的一款先进行面料试制

第二步：设计构思过程

结合灵感来源图片运用发散思维进行设计构思，观察图片中荷塘的整体形态和荷花、荷叶、莲蓬的整体造型与局部造型特点，提炼面料创意设计中可以应用的元素（图5-2-2）。构思《荷塘月色》系列面料创意设计中可以应用的造型、肌理、色彩、工艺方法等，多角度对设计元素进行分析组合，设计创意面料并画出多款构思草图。根据构思草图再进行调整和修改，形成系列面料创意设计示意图（图5-2-3）。

第三步：面料试制

按照《荷塘月色》系列面料创意设计示意图的构思，选择棉面料、细褶面料、网纱面料和绒球、防撞气泡塑料等材料，运用贴布、挖补、钉缝、填充、盘花等多种方法进行创意面料的试制。可以根据系列创意面料的设计示意图，挑选其中较难实现的一款先进行试制，寻找最恰当的面料制作方法，最终实现设计示意图所示的构思效果（图5-2-4）。

第四步：系列创意面料小样制作

根据试制成的面料小样效果，选用合适的材料及再造手法完成系列创意面料的制作。选择较理想的4款创意面料小样组合形成一个系列的面料创意设计（图5-2-5）。

图5-2-5 《荷塘月色》系列创意面料小样

第五步：创意面料在服装中的应用

《荷塘月色》系列创意面料风格清新、自然舒适，因此选择适合年轻女性的时装进行面料创意设计的应用。根据每块面料小样的外观效果，结合时装款式进行局部和整体的设计与应用，运用电脑绘制出系列服装效果图（图5-2-6）。挑选此系列服装中的第三款进行1：2服装制作（图5-2-7）。

图5-2-6 《荷塘月色》系列创意面料的应用效果图

图5-2-7 第三款1：2服装实物效果

139

范例二：主题《蕈》

作者：杨盼（学生）

第一步：寻找设计灵感来源

根据主题《蕈》收集大量的菌类图片，对各种菌类的图片进行整体观察，筛选出自己最满意的几张图片进行整理排版（图5-2-8）。

第二步：设计构思过程

以菌类为灵感来源，在细致观察的基础上从各种菌类的色彩、形状、肌理和光泽等方面提取不同的菌类元素。通过对造型、面料、色彩、图案、工艺方法等的组合设计进行面料的创意，并画出多款构思草图（图5-2-9）。根据灵感来源对构思草图再进行调整和修改，形成系列面料创意设计示意图（图5-2-10）。

图5-2-8　《蕈》灵感来源

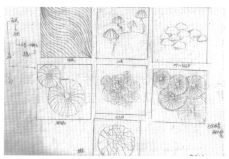
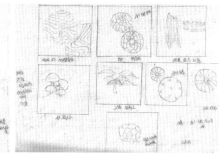

图5-2-9　《蕈》系列面料创意设计元素的提炼和构思草图

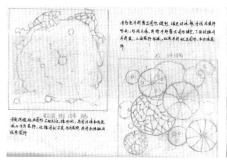
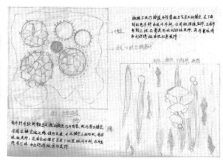
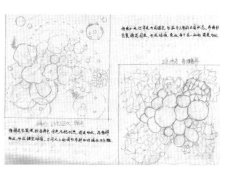

图5-2-10　《蕈》系列面料创意设计示意图

第三步：面料试制

结合创意面料的设计构思选用纱质面料、不规则网格面料、牛仔面料、管珠、米珠、超轻黏土、水彩颜料、珍珠棉等材料，运用填充、挖补、做破、晕染、缝钉等方法结合进行创意面料的试制。根据系列创意面料的设计示意图，挑选其中较难实现的一款先进行试制，寻找最恰当的面料制作方法，最终实现设计示意图所示的构思效果（图5-2-11）。

图5-2-11 挑选系列创意面料中的一款先进行面料试制

第四步：系列创意面料小样制作

根据面料试制的方法和结果，按照再造面料小样示意图的设计选用合适的面料及其他材料完成制作，选择较理想的4款创意面料小样组合形成一系列面料的创意设计（图5-2-12）。

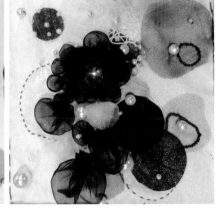

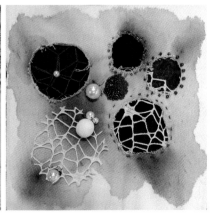

图5-2-12 《蕈》系列创意面料小样

图5-2-13 《蕈》系列创意面料的应用效果图

图5-2-14 第一款1∶2服装实物效果

第五步：创意面料在服装中的应用

　　《蕈》系列创意面料的设计能体现出温婉可爱的气息，带有一些甜美和女性化的风格，可以选择少女装进行创意面料的设计应用。根据每块面料小样的造型和肌理效果结合服装的款式特点和需要进行应用，通过手绘的方式绘制系列服装设计效果图（图5-2-13），并选取系列服装中的第一款进行制作，完成1∶2服装实物作品（图5-2-14）。

第六章 世界知名服装设计师与面料创意设计

从某种程度上讲，现代服装的设计主要是服装材料的设计。服装设计师通过材料与造型工艺的完美结合来体现设计的主题和灵感。当前能一直活跃在时尚T台上的国际服装设计大师往往都精通面料创意设计，面料创意设计已成为服装设计的一种潮流。

一、帕高·拉巴纳（Paco Rabanne）

帕高·拉巴纳出生于西班牙，成名于法国，以运用金属、塑料等一系列稀奇古怪的材料设计服装起步，还推出过以纸张、激光唱片、羽毛、铝箔、皮革、光纤、巧克力、塑料瓶子等为材质的服装。在推出他第一个高级定制系列服装时，他说："我不相信任何人能设计出前所未有的款式，帽子也好，外套、裙子也罢，都没可能……时装设计唯一新鲜前卫的可能性在于发现新材料"。帕高·拉巴纳凭借其建筑学的教育背景，以及曾为Balenciaga、Nina Ricci、Givenchy等著名时装屋做过珠宝配饰的手工艺经验，从另一个角度创造了一种潮流，一种属于自己的独特标志（图6-1~图6-3）。

图6-1 帕高·拉巴纳1969年设计的春夏系列中的鸵鸟毛金属锁甲裙

图6-2 帕高·拉巴纳1995年设计的女装系列。运用金属打造而成，具有透视效果和建筑感，体现出强烈的戏剧性和未来感

图6-3 帕高·拉巴纳运用纸片、塑料片、羽毛等材料制成的服装，极具戏剧性

二、三宅一生（Issey Miyake）

三宅一生是日本著名的服装设计大师，他的时装极具创造力，集质朴、基本、现代于一体。三宅一生的设计中充分考虑了人体的造型和运动的特点。三宅一生的服装不只是局限于方便打理，更重要的是服装平放的时候，就像一件雕塑品一样，呈现出立体几何图案，而穿在身上又符合身体曲线和运动的韵律。三宅一生的服装设计直接延伸到面料设计领域，如日本宣纸、白棉布、针织棉布、亚麻等任何可能与不可能的材料都用来织造面料，被称为"面料魔术师"。三宅一生不断完善自己前卫、大胆的服装设计，创造出各种肌理效果的面料，设计出独特且不可思议的服装，由他开创的"一生褶"展示了面料二次创意的无限魅力（图4-4~图4-6），至今仍是面料再设计的典范。三宅一生始终在探索"一块布"与身体的联系，他和他的团队一起以不被既定常识束缚的自由思想为基础，从制造自己独特的原料出发创作出兼具"设计之美"和"科技之美"的服装（图6-7、图6-8）。

图6-6 三宅一生不同时期的褶皱服装

图6-4 三宅一生"我爱褶皱"系列，作品造型简洁、有力，充满了强烈的设计意识

图6-5 三宅一生"扭曲"系列作品

图6-7 三宅一生132 5.系列：将日本的折纸工艺与布料进行结合，每一件时装都是由一块布料剪裁而成，并且可以折叠成一个完全规则又富有美感的平面几何图形

图6-8 三宅一生132 5.系列服装折叠后效果

图6-9 约翰·加利亚诺运用手绘、刺绣和薄纱层叠处理，铺绣白色鹅毛重现Gruau René画作中的炭笔涂抹、铅笔线条、橡皮擦印记以及水彩晕染，随性神韵，虚实相间，简约精炼，奢华盛大

三、约翰·加利亚诺（John Galliano）

约翰·加里亚诺是著名品牌迪奥（Dior）的前任首席设计师，具有顽童般天马行空的思维，喜欢标新立异，能颠覆所有庸俗和陈规。其设计的作品中不仅体现出不规则、多元素、极度视觉化等非主流特色，更是独立于商业利益驱动的时装界，是时装界少有的几位将服装看作艺术的设计师之一，其在时装界享有"无可救药的浪漫主义大师"的称谓。

约翰·加利亚诺的作品从早期融合了英式古板和20世纪末浪漫的歌剧特点的设计，到溢满怀旧情愫的斜裁剪裁技术，从野性十足的重金属及皮件中充斥的朋克霸气，到断裂褴褛式黑色装束中肆意宣泄的后现代激情，他的作品令人瞠目结舌，是时装界后现代风尚的代表人物（图6-9~图6-12）。

图6-10 约翰·加利亚诺运用叶片、羽毛、花朵、透明材料，通过皱边、褶裥、色彩渐变等设计手法展现出生机盎然的景象，重现了纷繁复杂的各式花朵，服装不仅色彩美轮美奂而且工艺精妙

图6-11 约翰·加利亚诺运用面料的缠裹围挂和水晶的镶嵌方式，结合高筒帽、面纱塑造完美无瑕的女骑士装扮，带给人难忘的细节和妖娆的视觉享受

图6-12 约翰·加利亚诺运用面料的层叠、堆积、钉珠和刺绣进行设计，强调服装臀部的巴斯尔裙、吊袜带、蕾丝边的衬裙和裙撑，重新演绎迪奥细腰夸张下摆的西服上衣、立裁泡泡裙、衬垫的翘臀外套和大圆摆晚礼服

四、亚历山大·麦昆（Alexander McQueen）

　　亚历山大·麦昆是英国著名的服装设计师，是时尚圈不折不扣的鬼才，他的设计总是妖异出位，充满天马行空的创意，极具戏剧性。他的作品常以狂野的方式表达情感力量、天然能量，浪漫但又有绝对的现代感。他总能将两极的元素融入一件作品之中，比如柔弱与强力、传统与现代、严谨与变化等，使其作品充满前卫街头风格，具有很高的辨识度。

　　亚历山大·麦昆的服装既能体现细致的英式定制剪裁、精湛的法国高级时装工艺，还能体现完美的意大利手工制作。金属、羽毛、鲜花等非服装材料被他大胆地应用在设计中，亚历山大·麦昆的服装在视觉效果上能达到人与服装的整体结合，极具吸引力（图6-13~图6-16）。

图6-13 亚历山大·麦昆运用数码印制的海洋爬行动物图案进行服装设计,将精心处理的印花,卡紧腰线、钟形花朵裙的轮廓运用其中,计算机艺术与其标志性的高级定制剪裁工艺结合

图6-14 亚历山大·麦昆将革带、金属片、羽毛、塑料垃圾袋及服装面料通过强硬而卓越的技法:穿连、拼接、包缠、纫缝、褶皱等工艺制成服装,带有戏剧性讽刺效果

图6-15 亚历山大·麦昆运用多层纱层叠出芭蕾舞纱裙似的造型,服装上盘绕着金色花样的刺绣,镶嵌着华丽的宝石,装饰性极强,塑造出了骄傲公主的形象

图6-16 亚历山大·麦昆在几乎透明的纱裙上采用抓皱设计,通过花鸟元素的加入增添多彩缤纷、富有生命力的效果。其夸张地运用19世纪紧身胸衣与裙撑的硬质与丝绸的轻软产生对比,营造精致优雅的宫廷风格,依旧性感和晦暗,充满历史气息的魅力

五、让·保罗·高缇耶（Jean Paul Gaultier）

让·保罗·高缇耶出生于法国巴黎，创造了融前卫、古典、民俗、奇异、怪诞为一体的设计风格。他的设计理念是最基本的服装款式再加上"破坏"处理；也许撕毁、打结，也许加上各种样式的装饰物，或者是各种民族服饰的融合拼凑，充分展现夸张及诙谐，把前卫、古典和奇风异俗混合得令人叹为观止。

高缇耶以朋克式的激进风格，混合、对立或拆解，再加以重新构筑，并在其中加入许多个人独特的幽默感，有点不正经又充满创意，像个爱开玩笑的大男孩，带着反叛和惊奇不断震撼整个世界。他凭借着戏剧化的风格为自己赢得了"时装界坏孩子"的名声。高缇耶深入探究个别元素的底层意义，诡异大胆的风格成为时髦的表率而倍受推崇（图6-17~图6-20）。

图6-17 让·保罗·高缇耶巧妙运用切割手法和条带进行设计，再加之细节配饰，建筑感极强的螺旋波纹和垂坠灵动的流苏，混搭丰富又不失古典与趣味，集夸张、前卫、古典和奇风异俗于一体

图6-18 让·保罗·高缇耶设计师运用绗缝、印花、钉珠和羽毛组合，将神秘浪漫充满异域风情的元素与代表冬季滑雪运动的图案结合在一起，体现出充满戏剧和摩登华丽之感

图6-19 让·保罗·高缇耶服装以黑色为主调，大量运用金银丝线、彩线勾勒火焰式花纹刺绣，雕琢着民俗图腾，极尽奢华，配合高贵的天鹅绒、华丽的绸缎、雍容的皮草，精致夸张、满是贵族气息

图6-20 让·保罗·高缇耶大量运用花卉印花与性感蕾丝、亮片面料组合，将潇洒的宽肩阔腿裤西服套装、高腰礼服裤与古典胸衣混合，张扬有型，充满了复古华丽的热烈风情

六、维果罗夫（Viktor & Rolf）

维果罗夫是来自荷兰的设计师二人组维克托·霍斯廷（Viktor Horsting）和罗尔夫·斯诺伦（Rolf Snoeren）。他们带着荒诞的风格不期而至，揉杂着巴洛克风格，与当今崇尚简洁的抽象派艺术大相径庭。通过使用大量的配饰，把时装带进一个奢华的境界，荒诞而又不失理智是维果罗夫的风格（图6-21~图6-24）。

图6-21 维果罗夫将恣意伸展的超大稻草草帽和带着立体花朵图样的花卉图案面料结合，对乡村女孩进行的改造、放大甚至颠覆

153

图6-22 维果罗夫运用印花布面料替代画布，将画框整合到连衣裙的设计中，将模特变化为抽象的肖像，带有极端的解构主义

图6-23 维果罗夫运用纱的层叠堆积、裁切，梭织的布条及各种纽扣的堆积体现传统的工艺和经典的廓型，其超凡的想象力和戏剧般大胆的表现力，疯狂又充满幽默感

图6-24 维果罗夫将大大小小的纱质褶皱组合在一起，破碎的布料重新拼接在一起，充满重组与解构的乐趣。充满活力的鲜艳色彩、极富女性化的廓型，显示出怀有梦幻思维的女性们的特别魅力

七、桑德拉·巴克伦德（Sandra Backlund）

　　瑞典新锐设计师桑德拉·巴克伦德把传统的针织设计推向一个新的高度，她用镂空的织法赋予了毛线新的含义。怪异奇特的服装造型，用纯手工的技法编织出层叠的宫廷服饰褶皱效果和皮草的奢华质感，创造出与众不同的雕塑美感。

　　桑德拉·巴克伦德的创意均来源于对织物的灵感，羊毛服饰粗厚膨松，造型虽夸张却具有超强的表现力，她的作品为我们呈现的是不同于瑞典传统实用主义的独特针织风格。无论是具有强烈的雕塑感还是毛茸茸的质感，第一眼都让人忍不住惊叹。在她的设计中，有用头发做成的服装（图6-25），她以新潮的方式更新了传统手工编织工艺，用当代设计理念使传统工艺焕发新生，她设计的概念服装带有深刻的感染力（图6-26、图6-27）。

图6-25 桑德拉·巴克伦德用头发编织成的服装

图6-26 桑德拉·巴克伦德运用柔软的毛线编织成硬朗又生动的服装轮廓

图6-27 桑德拉·巴克伦德带有建筑感和镂空的设计使针织服装创意十足，俏皮可爱又富有时尚气息

参考文献

［1］郭琦，修晓倜.服装创意面料设计［M］.上海：东华大学出版社，2013.

［2］徐蓉蓉.服装面料创意设计［M］.北京：化学工业出版社，2014.

［3］杨颐.服装创意面料设计［M］.上海：东华大学出版社，2015.

［4］卢新燕.服饰传统手工艺［M］.北京：中国纺织出版社，2020.

［5］燕平，宣臻.服饰手工艺设计［M］.上海：西南师范大学出版社，2014.

［6］梁惠娥.服装面料艺术再造（第3版）［M］.北京：中国纺织出版社，2022.

［7］吕炜玮，陈燕琳.服装面料再造［M］.上海：上海交通大学出版社，2014.

［8］金伯利·A.欧文.高级服装面料创意设计与工艺［M］.上海：东华大学出版社，2020.

［9］甘晓露、肖宇强.纺织服装面料创意设计［M］.北京：中国轻工业出版社，2018.